中等专业学校工业与民用建筑专业系列教材

建筑安装工程质量检验与评定

四川省建筑工程学校 廖品槐 主编
廖品槐 刘 健 周贞贤 编

中国建筑工业出版社

图书在版编目（CIP）数据

建筑安装工程质量检验与评定/廖品槐主编．-北京：
中国建筑工业出版社，1998
中等专业学校工业与民用建筑专业系列教材
ISBN 978-7-112-03405-5

Ⅰ．建… Ⅱ．廖… Ⅲ．建筑-安装-质量控制-专业学校-
教材 Ⅳ．TU758

中国版本图书馆 CIP 数据核字（97）第 20916 号

本书是普通中等专业学校工业与民用建筑专业系列教材之一，是根据建设部颁发的普通中等专业学校工业与民用建筑专业教学大纲编写的。

全书共十章，内容主要有：建筑安装工程质量检验评定规则，质量保证资料，观感质量评定，建筑安装工程各分项工程的质量检验与评定方法，建设监理基本知识等。

本书也可作为建筑安装企业基层技术、管理人员自学及培训教材。

中等专业学校工业与民用建筑专业系列教材

建筑安装工程质量检验与评定

四川省建筑工程学校 廖品槐 主编
廖品槐 刘 健 周贞贤 编

*

中国建筑工业出版社出版、发行（北京西郊百万庄）
各地新华书店、建筑书店经销
北京建筑工业印刷厂印刷

*

开本：787×1092 毫米 1/16 印张：9¼ 字数：221 千字
1998 年 6 月第一版 2009 年 11 月第九次印刷
定价 **14.00** 元
ISBN 978-7-112-03405-5
（17742）

出 版 说 明

为适应全国建设类中等专业学校教学改革和满足建筑技术进步的要求，由建设部中等专业学校工民建与村镇建设专业指导委员会组织编写了一套中等专业学校工业与民用建筑专业系列教材，由中国建筑工业出版社出版。

这套教材采用了国家颁发的现行规范、标准和规定，内容符合建设部颁发的中等专业学校工业与民用建筑专业教育标准、培养方案的要求，并理论联系实际，取材适当，反映了目前建筑科学技术水平。

这套教材适用于普通中等专业学校工业与民用建筑专业和村镇建设等专业相应课程的教学，也能满足职工中专、电视中专、中专自学考试、专业证书和技术培训等各类中专层次相应专业的使用要求。为使这套教材日臻完善，望各校师生和广大读者在教学和使用过程中提出宝贵意见，并告我司职业技术教育处或建设部中等专业学校工民建与村镇建设专业指导委员会，以便进一步修订。

建设部人事教育劳动司

1997年8月

前　言

《建筑安装工程质量检验与评定》是中等专业学校工业与民用建筑专业系列教材之一。本书根据建设部颁发的普通中等专业学校工业与民用建筑专业毕业生的业务规格、教学计划和本课程的教学大纲，以及国家现行标准规范和规程等文件编写的。全书采用法定计量单位。本书适用于本专业各类中专层次的教学和自学要求，也可作为建筑安装工程技术人员参考用书。

本书包括建筑安装工程质量检验和评定规则和质量保证资料，建筑安装工程观感质量评定，建筑安装工程各分项工程、分部工程和单位工程的质量检验与评定以及建设监理的基本知识。

本书在编写过程中，力求叙述系统、内容简练、重点突出、结合实例，便于学生学以致用。

本书由四川省建筑工程学校高级讲师廖品槐主编，并编写了第一章、第五章、第十章；刘健讲师编写了第二章、第六章、第七章；周贞贤讲师编写了第三章、第四章、第八章和第九章。全书由上海市张国琮高级工程师主审，四川华西集团总公司第四建筑工程公司一分司为本书提供资料和实例，在此谨一并衷心感谢。

由于编者水平有限，书中不妥之处，诚请使用本书的广大师生和读者指正，以便修改和补充。

目　录

第一章 概 述

第一节 本课程的研究对象、任务、内容和学习方法

建筑安装工程是一种工业产品，而且是一种综合加工产品。产品的质量即建筑安装工程质量是建筑安装企业各项工作的综合反映。国家和人民在建筑安装工程上的投资多、负担重，相对的要求工程质量高，使用寿命长，是理所当然的。因此，建筑安装工程质量的优劣，不仅关系到建筑安装企业自身的生存和发展，也直接关系着国家财产和人民的生命安全，关系着“四化”建设的顺利进行。

如何根据国家质量标准，对原材料、构配件、中间工序和分部分项工程进行检验和控制，严格把关，把工程质量问题消灭在施工过程中；按国家质量标准要求的程序和方法对单位工程进行综合检验和评定，确保工程质量，取得最大的经济效益是本课程的研究对象。

本课程的任务是：通过本课程的教学，使学生能掌握建筑安装工程质量检验与评定的方法，熟悉分项工程、分部工程及单位工程质量检验评定的过程，质量等级划分的基本知识和基本技能，从而正确地做出结论。

本课程的主要内容包括：建筑安装工程质量检验评定规则和质量保证资料，建筑安装工程观感质量评定，建筑安装工程各分项工程的质量检验和评定以及建设监理的基本知识。

建筑安装工程质量检验与评定课程是工业与民用建筑专业的一门专业技术课，它综合性很强，它与建筑工程测量、建筑材料、建筑机械、建筑工程安装、房屋建筑学、工程力学、工程结构、施工技术、施工组织与管理、施工预算等课程有着密切的关系，要学好本课程，也应学好上述各门课程。

本课程实践性很强，学习中必须坚持理论联系实际的学习方法，除在课堂学习基本理论、基本知识外，还必须加强实践环节的教学，如教学参观、生产实习，到施工现场参加分项工程质量检验工作等，培养学生的实际操作技能。

第二节 我国建筑安装工程质量检验评定标准的演变过程和建筑工程质量监督经历的几个阶段

建国初期，国家处于经济建设恢复时期，工程项目少，没有制定有关的规范和标准，也没有明确的质量监督制度。

1953 年开始，我国进入了第一个五年计划建设时期，根据当时的历史条件，参照前苏联工程建设监督的经验，组成了建设方（习惯上称甲方）和施工方（习惯上称乙方）共同领导的技术监督部门，质量监督的技术标准主要是施工图纸和从前苏联引进的施工验收规

范。

60年代初期，当时的国家建设工程部颁发了技术监督条例，这个条例是以施工单位为主的自身监督体系，从此，施工单位为主的自身质量监督逐渐形成了制度化。这个条例，对1963～1966年建筑工程质量的全面提高起到了促进作用。

1966年，原建工部正式批准颁发了我国第一本建筑安装工程质量检验评定标准，即GBJ22—66，从而对建筑安装工程的质量检验评定达到了统一质量标准、统一检查方法、统一检查工具、统一评定方法的“四统一”。1973年，原国家建委组织了修订工作，并使之上升到国家标准，即TJ301—74等五项标准，使质量检验评定工作更趋完善。

以施工企业为主导的自身质量监督是我国建筑工程质量监督的第一阶段。

1983年5月7日，原城乡建设环境保护部和国家标准局联合颁发了《建筑工程质量监督条例（试行）》。条例的主要精神是强化政府对建筑安装工程的质量监督工作，并以此促进建筑企事业单位加强管理，提高工程质量，发挥经济效益，适应社会主义现代化建设的需要。

从此开始，我国的建筑工程质量监督步入第二阶段。

1984年9月，国务院关于改革建筑业和基本建设管理体制若干问题的暂行规定中明确提出：“改革工程质量监督办法，大中型企业，交通建设项目，由建设单位负责监督；对一般民用项目，在地方政府领导下，按城市建立有权威的工程质量监督机构，根据有关法规和技术标准，对本地区的工程质量进行监督”。这样就由国家正式肯定了工程质量的监督办法。

1985年2月，原城乡建设环境保护部印发了《建筑工程质量监督站工作暂行规定》，《规定》明确了各级建筑工程质量监督站“是在当地政府领导下履行工程质量监督的专职机构”。提出了监督站的工作内容和监督程序。由此，各级监督站对施工质量监督具备了工作依据。

1985年和1986年，原城乡建设环境保护部分别以（85）城设字第450号文件《关于加强对建筑勘察设计质量的监督与管理的通知》和（86）城设字第393号文件《关于开展建筑工程设计施工图纸质量监督试点工作的通知》，规定对建筑勘察设计质量实行政府监督。

1988年11月5日建设部以（88）建标字第335号文件“关于发布国家标准《建筑安装工程质量检验评定统一标准》等六项验评标准的通知”批准GBJ300—88等六项验评标准为现行国家标准，自1989年9月1日起施行，原国家标准TJ301—74等五项标准同时废止。

至此，对建筑工程的质量，从设计到施工，国家已经完善法规建设，作出了明确规定，使建筑工程质量失控的局面得到了根本转变，效果十分明显。

正开始实施的建设监理制，是我国质量监督的第三阶段。

建设监理制，是建设领域发展商品经济的结果，是提高我国建设水平和提高投资效益不可缺少的措施，是按照国际惯例，使我国的建设体制与国际建设市场相衔接的重大举措。

建设部自1988年开始在部分城市、部门组织开展建设监理制试点以来，越来越多的大中型项目、国家重点工程都实行了这项制度。几年来，不仅这项制度本身得到完善，而且在控制投资、质量和工期，以及履行合同方面也取得了明显的成效，并已被社会所公认。到1995年，全国已有29个省、自治区、直辖市和39个部门推行了建设监理工作，1995年底共有建设监理单位1500家，从事监理工作的人员已达8万多人。

建设部建设监理司根据“八五”期间工程建设监理的情况，拟订了全国工程建设监理的“九五”规划，建设部、国家计委以建监（1995）第737号文件发布了关于印发《工程建设监理规定》的通知，1996年1月1日起实施。从此，具有中国特色的建设监理制在我国已由试点转向全面推行阶段。

第二章　建筑安装工程质量检验评定规则

第一节　质量检验评定标准的适用范围与其配合使用的规范标准

一、标准的适用范围

质量检验评定标准是指《建筑安装工程质量检验评定统一标准》(GBJ300—88)和同时配合执行的《建筑工程质量检验评定标准》(GBJ301—88)、《建筑采暖卫生与煤气工程质量检验评 定标准》(GBJ302—88)、《建筑电气安装工程质量检验评定标准》(GBJ303—88)、《通风与空调工程质量检验评定标准》(GBJ304—88)、《电梯安装工程质量检验评定标准》(GBJ310—88)。以上六项标准统称为《建筑安装工程质量检验评定标准》(以下简称标准),但统一标准是其他标准的总纲和核心,在执行统一标准时,必须同时执行相应的标准,统一标准是规定质量等级评定程序及组织的规定和分部、单位工程的评定指标;相应标准是各分项工程质量验评标准的具体内容,因此应用标准时必须相互协调,同时满足二者的要求。标准适用于工业与民用建筑的建筑工程和建筑设备安装工程的质量检验评定,不适用于下列范围:机械设备、生产设备及管道安装;通用机械设备安装,容器、工业管道、自动化仪表安装和工业窑炉砌筑等工程;生产工厂(含现场预制)提供的构件、配件;超高层钢结构、特种混凝土,或有特殊要求的钢筋混凝土结构和砖结构。对不适用部分,应执行地区或部门的分项工程质量检验评定标准,用以检验评定其质量等级,并参加相应部分工程质量评定。

二、与标准配合使用的规范标准

质量检验评定标准的主要质量指标是根据国家颁发的各类建筑安装工程施工验收规范等编制的，因此，各分项工程的主要质量指标和要求是根据国家颁发的相应技术标准和建筑安装工程施工及验收规范提出的。这些标准和验收规范主要有建筑工程施工及验收规范(共9个)；建筑设备安装工程施工及验收规范（3个）等，这些都是在施工和验收过程中必须严格执行的。标准根据有关规范的规定和要求，并规定了每个项目的检查内容、检查数量和检验方法，作为评定质量等级的依据。但规范和标准的作用是不同的，规范是对操作者行为的规定，是使工程质量达到规定质量指标的保证；而标准是检验评定工程质量等级所规定的评定规则，主要以工程为主体所制定的规定。

除施工规范外，国家颁发的各种设计规范、规程、规定、标准及建筑材料标准等有关技术标准及标准图集等，这些标准很多是与施工及验收规范互相补充的。

第二节　建筑安装工程质量检验评定的目的、作用和依据

一、质量检验评定的目的

建筑安装工程的质量检验评定，就是采用一定的方法和手段，以技术方法的形式，对

建筑安装工程的分项、分部和单位工程的施工质量进行检测，并根据检测结果按国家颁布的现行《建筑安装工程质量检验评定标准》的有关规定，评定其质量等级。质量检验评定的目的，一是对施工过程中的分项工程质量进行控制，检验出“不合格”的各项工程，以便及时进行处理，使其达到质量标准的合格标准；二是对建筑安装工程的最终产品——单位工程的质量进行把关，向用户提供符合质量标准的产品。

二、质量检验评定的作用

质量检验评定的作用，一是保证作用。通过质量检验评定，保证前一道工序各项工程的质量达到合格标准后，才转入下道工序各项工程的施工；二是信息反馈作用。通过质量检验评定，可以积累大量信息，定期对这些信息进行分析、研究，进而提出合理的质量改进措施，使工程质量处于受控状态，从而起到了预防施工过程中出现的质量问题。

三、质量检验评定的依据

建筑安装工程质量检验评定在评定过程中主要是根据国家颁发的有关技术标准和建安工程施工及验收规范进行评定的，具体地讲有国家颁发的标准及建安工程施工验收规范；国家颁发的各种设计规范、规程、规定、标准及建筑材料质量标准等有关技术标准以及标准图集等；设计图纸、图纸会审记录、工程变更设计联系单；国务院各部门及各地区制定的有关标准、规范、规程、规定和企业内部的有关标准规定等。

第三节　质量检验评定的划分

一、划分的目的

一个建筑物（构筑物）的建成，由施工准备工作开始到竣工交付使用要经过若干个工序，若干工种之间的配合施工。所以，一个工程质量的优劣，取决于各个施工工序和各工种的操作质量。为了便于控制、检查和评定每个施工工序和工种的操作质量，建安工程按分项、分部和单位工程三级划分进行评定，将一个单位工程划分若干个分部工程，每个分部工程又划分为若干个分项工程，首先评定分项工程的质量等级，而后以分项工程质量等级作为基础来评定分部工程的质量等级，最终以分部工程质量等级、质量保证资料和单位工程观感质量得分率来综合评定单位工程的质量等级。分项、分部和单位工程三级的划分目的，是为了方便质量管理和控制工程质量，根据某项工程的特点，以对其进行质量控制和检验评定。

二、建筑工程分项、分部工程的划分

1. 分项工程的划分

分项工程的划分，一般应按主要工种划分。多层及高层房屋工程中的主体分部工程必须按楼层（段）划分分项工程；单层房屋工程中的主体分部工程应按变形缝划分分项工程；其他分部工程的分项工程可按楼层（段）划分。在评定各分项工程质量时，其分项工程均应参加评定。

分项工程的划分，还要视工程的具体情况和便于检验评定，既要有利于管理和控制工程质量，又要通过检验评定能反映出工程质量的水平。在划分分项工程时，数量不宜过多，工程量的大小也不宜过于悬殊。

（1）在砖混结构房屋工程中，每一个楼层的楼板、钢筋和混凝土的同工种工程应各为一个分项工程；

(2) 在钢筋混凝土结构（含框架、框剪和剪力墙结构）房屋工程中，每一楼层的模板、钢筋和混凝土，一般应按施工先后，把竖向构件和水平构件的同工种工程各分为两个分项工程；

(3) 房屋建筑工程的装饰、地面等分部工程，凡能按楼层（段）划分分项工程的，宜按层或段划分各自分项工程，以便及时发现问题，返修改进。

2. 分部工程的划分

建筑工程按主要部位划分为六个分部工程。即地基与基础工程、主体工程、地面与楼面工程、门窗工程、装饰工程、屋面工程分部。

(1) 地基与基础分部工程，包括±0.00以下的结构及防水分项工程，凡有地下室的工程，其首层地面下的结构以下的项目，均纳入“地基与基础”分部工程；设有地下室的工程，墙体的防潮层分界，室内以地面垫层下分界，灰土、混凝土等垫层应纳入“地面与楼面”分部工程；桩基础以承台上皮分界。

(2) 主体分部工程对非承重墙作了明确规定，凡使用板块材料，经砌筑，焊接的隔墙纳入主体分部工程；如各种砌块，加气条板等等；凡采用轻钢、木材等用铁钉、螺丝或胶类粘合的均纳入装饰分部工程，如轻钢龙骨、木龙骨的吊顶、隔墙等。

(3) 地面与楼面分部工程为了解决地面渗漏、坡度、面层厚度不均、空裂等问题，将“基层工程”作为一个分项工程评定。

(4) 门窗分部工程，仅包括各种门窗的安装分项工程项目。有关细木装饰、油漆、玻璃等分项工程，纳入了“装饰分部工程”。

(5) 装饰分部工程包括室内外的装修、装饰项目，如清水墙的勾缝工程、细木装饰、油漆刷浆、玻璃等。

(6) 屋面分部工程包括屋顶的找平层、保温（隔热）层及各种防水层、保护层等。对地下防水、墙面防水应分别列入所在部位的“地基与基础”、“主体”分部工程。

另外，对有地下室的工程，除将±0.00以下结构及防水部分的分项工程列入地基与基础分部工程外，其他地面、装饰、门窗等分项仍分别纳入相应的地面与楼面、装饰和门窗等分部工程内。

建筑工程各分部工程及所含主要分项工程名称见表2-1。

建筑工程各分部工程及所含主要分项工程名称 表2-1

序号	分部工程名称	分项工程名称
1	地基与基础工程	土方、爆破，灰土、砂、砂石和三合土地基，重錘夯实地基，强夯地基，挤密桩，振冲地基，旋喷地基；打（压）桩，灌注桩，沉井和沉箱，地下连续墙，防水混凝土结构，水泥砂浆防水层，卷材防水层，模板，钢筋，混凝土，构件安装，预应力钢筋混凝土，砌砖，砌石，钢结构焊接，钢结构螺栓连接，钢结构制作，钢结构安装，钢结构油漆等

续表

序号	分部工程名称	分项工程名称
2	主体工程	模板，钢筋，混凝土，构件安装，预应力钢筋混凝土，砌砖，砌石，钢结构焊接，钢结构螺栓连接，钢结构制作，钢结构安装，钢结构油漆，木屋架制作，木屋架安装，屋面木骨架等
3	地面与楼面工程	基层，整体楼、地面，板块楼、地面，木质板楼、地面等
4	门窗工程	木门窗制作，木门窗安装，钢门窗安装，铝合金门窗安装等
5	装饰工程	一般抹灰，装饰抹灰，清水砖墙勾缝，油漆，刷（喷）浆，玻璃，裱糊，饰面，罩面板及钢木骨架，细木制品，花饰安装等
6	屋面工程	屋面找平层，保温（隔热）层，卷材防水，油膏嵌缝涂料屋面，细石混凝土屋面，平瓦屋面，薄钢板屋面，波瓦屋面，雨水管等

对表中列的一些分项工程，如模板工程和木门窗制作等预制构件、配件制作分项工程不参加相关分部工程质量评定。模板工程对混凝土工程的质量有直接影响，分项工程的质量必须评定，因为混凝土的质量已经反映了模板的质量，且模板工程也不是工程的构成部分，只是形成混凝土工程的工具或过程，故不参加分部工程的评定。对工厂预制构件、配件，安装前必须检查产品出厂合格证和对照合格证对实物进行核对，查看进场的构、配件是否与合格证标志一致，以及有关标准要求后，才能安装。对现场预制的混凝土构件也应按《预制混凝土构件质量检验评定标准》(GBJ321—90) 进行评定并参加分部工程的评定。对木门窗制作，由于多数是提供半成品，其制作质量对安装质量影响大，故在安装前或进场后，应按制作标准验收，但不参加相关分部工程质量的评定。另外钢结构油漆质量是关系到钢结构使用寿命的重要分项工程，故列入主体分部工程。

三、建筑设备安装分项、分部工程的划分

1. 分项工程的划分

建筑设备安装工程的分项工程一般应按工种种类及设备组别等划分，同时也可按系统、区段来划分。

2. 分部工程的划分

建筑设备安装工程按专业划分为建筑采暖卫生与煤气工程、建筑电气安装工程、通风与空调工程和电梯安装工程 4 个分部工程。

建筑设备安装工程各分部工程及所含主要分项工程名称见表 2-2。

四、单位工程的划分

1. 建筑物（构筑物）单位工程

建筑物（构筑物）的单位工程是由建筑工程和建筑设备安装工程共同组成，目的是突出建筑物（构筑物）的整体质量。凡是为生产、生活创造环境条件的建筑物（构筑物），不分民用建筑还是工业建筑，都是一个单位工程，可以统一工程内容，统一评定规则。

实际评定时，一个独立的、单一的建筑物（构筑物），即一栋住宅楼，一个商店、锅炉房，变电站，一幢教学楼、办公楼、传达室等均各为一个单位工程。

一个单位工程是由建筑工程的6个分部和建筑设备安装工程的4个分部共10个分部工程组成，但每个具体的单位工程中，不一定含有这些分部工程，可能是10个中的几个分部工程。

在进行单位工程质量评定时，凡已有的分部工程均应参加评定，不准将建筑工程和安装工程分开评定。

建筑设备安装工程各分部工程及所含主要分项工程名称 表 2-2

序号	分部（或单位）工程名称	分项工程名称	
1	建筑采暖卫生与煤气工程	室内	给水管道安装，给水管道附件及卫生器具给水配件安装，给水附属设备安装，排水管道安装，卫生器具安装，采暖管道安装，采暖散热器及太阳能热水器安装，采暖附属设备安装，煤气管道安装，锅炉安装，锅炉附属设备安装，锅炉附件安装等
		室外	给水管道安排，排水管道安装，供热管道安装，煤气管道安装，煤气调压装置安装等
2	建筑电气安装工程	架空线路和杆上电气设备安装，电缆线路，配管及管内穿线，瓷夹、瓷柱（珠）及瓷瓶配线，护套线配线，槽板配线，配线用钢索，硬母线安装，滑接线和移动式软电缆安装，电力变压器安装，高压开关安装，成套配电柜（盘）及动力开关柜安装，低压电器安装，电机的电气检查和接线，蓄电池安装，电气照明器具及配电箱（盘）安装，避雷针（网）及接地装置安装等	
3	通风与空调工程	金属风管制作，硬聚氯乙烯风管制作，部件制作，风管及部件安装，空气处理室制作及安装，消声器制作及安装，除尘器制作及安装，通风机安装，制冷管道安装，防腐与油漆，风管及设备保温，制冷管道保温等	
4	电梯安装工程	曳引装置组装，导轨组装，轿箱、层门组装、电气装置安装，安全保护装置，试运转等	

2. 室外单位工程

为了加强室外工程的管理和评定，促进室外工程质量的提高，将室外工程分为三个单位工程：

(1) 由给水管道、排水管道、采暖管道和煤气管道等组成的室外采暖卫生与煤气工程；

(2) 由电线架空线路、电缆线路、路灯等组成的室外建筑电气安装工程；

(3) 由道路、围墙、花坛、花廊、花架、建筑小品等组成的室外建筑工程。

这三个单位工程指的是新（扩）建的居住小区和厂区的室外工程。对在原有小区内增设一排路灯，增一条管线，做一段道路不能作为一个单位工程来评定。在居住小区和厂区内如有市政道路及工业管道时，应按专门的标准检验评定。

第四节　质量检验评定的等级标准及评定方法

一、分项工程质量的检验评定

（一）分项工程的质量等级标准

1. 合格

（1）保证项目必须符合相应的质量检验评定标准的规定；

（2）基本项目抽检处（件）应符合相应质量检验评定标准的合格规定；

（3）允许偏差项目抽检的点数中，建筑工程有70%及其以上，建筑设备安装工程有80%及其以上的实测值应在相应质量检验评定标准的允许偏差范围内。

2. 优良

（1）保证项目必须符合相应的质量检验评定标准的规定；

（2）基本项目每项抽检的处（件）应符合相应质量检验评定标准的合格规定；其中有50%及其以上的处（件）符合优良规定，该项即为优良；优良项数应占检验项数50%及其以上。

（3）允许偏差项目抽检点数中，有90%及其以上的实测值应在相应质量检验评定标准的允许偏差范围内。

（二）分项工程的质量检验及评定方法

分项工程质量的检验评定是单位工程质量评定的基础。因此，一个分项工程完工后，必须按标准进行质量检验评定，合格后方许进行下一工序的作业。当一些分项工程的保证项目的检测数据还不能及时提供时，可先根据基本项目和允许偏差项目的检验结果，以及施工现场的质量保证及控制情况，暂时评定这些分项工程的质量等级；待保证项目的检测数据提供后，再评定确认这些分项工程的质量等级。

分项工程是由保证项目、基本项目和允许偏差项目三部分组成，分项工程的质量等级是根据标准的保证项目、基本项目和允许偏差项目所规定的质量指标而评定的。在保证项目符合规定后，基本项目和允许偏差项目都达到合格规定后，分项工程才能评为合格；当基本项目和允许偏差项目都达到优良规定时，分项工程才能评为优良，其中只要基本项目或允许偏差项目有一个达不到优良规定时，分项工程只能评为合格。

1. 保证项目

保证项目是确定分项工程主要性质的规定，是保证工程结构安全或使用功能正常的重要检验项目。不管质量等级评为优良还是合格都必须达到质量指标，全部符合要求。保证项目包括的内容有：

（1）重要的材料、构件及配件、成品及半成品、设备性能及附件的材质、技术性能等。通过检查出厂证明及试验数据进行检查；

（2）结构的强度、刚度和稳定性等检验数据通过检查试验报告进行核查；

（3）工程进行中和完毕后必须进行的检测、现场抽查，通过检查测试记录进行核查。

2. 基本项目

基本项目是保证工程安全或使用性能的基本要求。其指标分为合格和优良两个等级，并尽可能给出量的规定。与保证项目相比，虽不象保证项目那样重要，但对使用安全、使用功能、美观都有较大影响，基本项目的要求是评定分项工程合格与优良质量等级的重要条件。

基本项目评定时，每个项目中抽查的处或件全部达到合格，这个项目就评为合格；在合格的基础上，对评定的处或件进行统计，有50%及其以上的处或件达到优良等级标准，这个项目就评为优良。然后，对已评定质量等级的项目进行统计，全部项数质量均达到合格，该分项工程的基本项目为合格，在合格的基础上，其中有50%及其以上项数的质量达到优良，该分项工程的基本项目为优良。若有一处或件质量达不到合格，这个项目就不能评为合格，其基本项目和分项工程质量也不能评为合格。基本项目包括的内容主要有：

（1）允许有一定偏差的项目，但又不宜纳入允许偏差项目；

（2）对不能确定偏差值而又允许出现一定缺陷的项目；

（3）一些无法定量而采用定性的项目。

3. 允许偏差项目

允许偏差项目即是进行实测实量的项目，是结合对结构性能或使用功能、观感等影响程度，根据一般操作水平，给出一定的允许偏差范围的项目。它包括的内容主要有：

（1）有正、负要求的数值；

（2）允许偏差值直接注明数字、不标符号；

（3）要求大于或小于某一数值时，用“＞”或“＜”符号表示；

（4）要求在一定范围内的数值，一般用双数字表示；

（5）采用相对比值确定偏差值。

（三）分项工程评定用表的填写方法

分项工程评定用表是直接用于分项工程质量检验与评定的，它是将某一分项工程的保证项目、基本项目、允许偏差项目内容列入一表，供实际使用，各项目的填写方法及注意事项详见第三章。

（四）分项工程达不到合格标准时，返工处理后质量等级的确定

由于建筑业仍然是手工操作为主，受环境和条件影响较大，而且设计不同，类型各异，工序复杂，人员众多；加之管理不善，材质不符，操作失误等各种因素影响，都可能造成分项工程质量达不到合格标准。在工程中，一旦发现分项工程质量任何一项不符合合格规定时，必须组织有关人员查找分析原因，并按有关技术管理规定制定补救方案，及时进行处理，并按规定确定其质量等级。常见的有以下几种：

（1）返工重做的分项工程；

（2）经加固补强或鉴定的分项工程；

（3）改变了外形尺寸或造成永久性缺陷的分项工程。

经处理后分项工程的质量等级评定方法，详见标准的有关规定。但必须注意，处理后有详尽的记录资料，原始数据应齐全、准确，能较确切的说明问题的演变过程和结论，这些资料不仅应纳入分项工程质量评定资料中，还应纳入单位工程质量保证资料中，以便据以确定单位工程的质量等级。影响到结构安全的资料，应包括在竣工资料中，以便在工程

使用、管理、维修及改建时作为参考资料的依据等。

二、分部工程质量的检验评定

（一）分部工程的质量等级标准

（1）合格：所含分项工程的质量全部合格；

（2）优良：所含分项工程的质量全部合格，其中有50%及其以上为优良（建筑设备安装工程中，必须含指定的分项工程）。

指定的主要分项工程，通常如建筑采暖卫生与煤气分部工程为锅炉安装、煤气调压装备安装分项工程；建筑电气安装分部工程为电力变压器安装、成套配电柜（盘）及动力开关柜安装、电缆线路分项工程；通风与空调分部工程为有关空气洁净的分项工程；电梯安装分部工程为安全保护装置、试运转分项工程等。如建筑设备安装工程分部评为优良，则其指定的分项必须优良。就是说，假如建筑设备安装工程分部中的分项工程全部合格，且优良率＞50%，但其指定的分项不是优良，则该分部只能评合格而不能评为优良。

（二）分部工程质量等级的评定及其方法

在检验评定建筑工程的6个分部工程时，对其中的地基与基础和主体分部工程需要重点评定。这主要是由于这两个分部在保证工程结构安全方面起主导作用，并且多数都将被隐蔽，如果不在完工后及时检查和评定，及时发现质量问题，及时得到纠正，被隐蔽以后就会给工程留下隐患。同时这两个分部工程技术较复杂，施工过程有很多施工试验记录，这些试验记录中的数据，就反映该工程的质量状况。因此，对这两个分部工程不仅要系统地核查技术资料，而且还要到现场查看实物质量。检查的主要内容有：

（1）检查各分项工程的划分是否正确；

（2）检查分项工程的评定是否有依据；评定是否正确；是否有漏评现象；

（3）系统检查主要质量保证资料（主要是混凝土、砂浆强度等的评定）；

（4）现场检查，主要是结构工程外观的观感质量检查。

分部工程质量等级的具体评定方法和实例详见第三章内容。

三、单位工程质量的评定

（一）单位工程的质量等级标准

1. 合格

（1）所含分部工程的质量应全部合格；

（2）质量保证资料应基本齐全；

（3）观感质量评定得分率应达到70%及其以上。

2. 优良

（1）所含分部工程的质量应全部合格，其中有50%及其以上优良，建筑工程必须含主体和装饰分部工程；以建筑设备安装工程为主的单位工程，其指定的分部工程必须优良；

（2）质量保证资料应基本齐全；

（3）观感质量的评定得分率应达到85%及其以上。

（二）单位工程质量等级评定

单位工程质量等级评定采用综合评定法。评定包括三方面的内容，详见表2-3。

单位工程质量综合评定表 表 2-3

工程名称： 施工单位： 开工日期： 年 月 日

建筑面积： 结构类型： 竣工日期： 年 月 日

项 次	项 目	评 定 情 况	核 定 情 况
1	分部工程质量评定汇总	共 分部 其中：优良 分部 优良率 % 主体分部质量等级 装饰分部质量等级 安装主要分部质量等级	
2	质量保证资料评定	共核查 项 其中：符合要求 项 经鉴定符合要求 项	
3	观感质量评定	应得 分 实得 分 得分率 %	
企业评定等级： 企业经理： 企业技术负责人： 公 章 年 月 日			工程质量监督站核定： 负责人： 公 章 年 月 日

1. 分部工程汇总评定及填写

在填写前应检查下列内容：

(1) 检查分项工程质量验评表内容是否齐全，保证项目材质内容与质量保证资料是否相吻合，评定结论是否确切，签字手续是否齐全等；

(2) 分项工程划分是否符合标准，分项工程检查数量是否符合规定等；

(3) 经返工处理的分项工程是否重新评定，经加固补强或法定单位鉴定能达到设计要求的，以及不符合验评规定的分项工程，又未经处理，但有鉴定结论，或造成永久缺陷的分项工程等；

(4) 分部工程划分是否符合标准，所含的分项工程是否齐全等；

(5) 评定的优良分部工程及优良单位工程，是否含有指定的主要分项工程及指定的分部工程；

(6) 各分部工程质量等级是否已综合整理汇总，分部工程数量是否符合要求。

2. 质量保证资料核查

质量保证资料核查的内容和方法详见第三章。

3. 观感质量评定（详见第四章）

第五节 检验评定程序及组织

一、生产者自我检查是检验评定的基础

标准规定“分项工程质量应在班组自检的基础上，由单位工程负责人组织有关人员进行评定，专职质量检查员核定”。

质量检验评定首先是班组在施工过程中的自我检查。自我检查就是按照施工规范和操作工艺的要求，边操作边检查，将误差控制在规定的限值内。这就要求施工班组搞好自检、互检、交接检。自检、互检主要是在本班组（本工种）内部范围进行，由承担分项工程的工种工人和班组长等参加。在施工操作过程中或工作完成后，对产品进行自我检查和互相检查，及时发现问题，及时整改，防止质量检查成为“马后炮”。班组自我质量把关，在施工过程中控制质量，经过自检、互检使工程质量达到合格或优良标准。单位工程负责人组织有关人员（工长、班组长、班组质量员）对分项工程（工种）检验评定，专职质量检查员核定，作为分项工程质量评定及下一道工序交接的依据。自检、互检突出了生产过程中加强质量控制，从分项工程开始加强质量控制，要求本班组（或工种）工人在自检的基础上，互相之间进行检查督促，取长补短，由生产者本身把好质量关，把质量问题和缺陷解决在施工过程中。

自检、互检是班组在分项（或分部）工程交接（分项完工或中间交工验收）前，由班组进行的检查；也可是分包单位在交给总包之前，由分包单位先进行的检查；还可以是由单位工程负责人（或企业技术负责人）组织有关班组长（或分包）及有关人员参加的交工前的检验，对单位工程的观感和使用功能等方面易出现的质量疵病和遗留问题，尤其是各工种、分包之间的工序交叉可能发生建筑成品损坏的部位，均要及时发现问题及时改进，力争单位工程一次验收通过。

交接检是各班组之间，或各工种、各分包之间，在工序、分项或分部工程完毕之后，下一道工序、分项或分部工程开始之前，共同对前一道工序、分项或分部工程的检查，经后一道工序认可，并为他们创造了合格的工作条件。例如，基础公司把桩基交给土建公司，瓦工班组把某层砖墙交给木工班组支模，木工班组把模板交给钢筋班组绑扎钢筋，钢筋班组把钢筋交给混凝土班组浇筑混凝土，土建施工队把主体工程（标高、预留洞、预埋件）交给安装队安装水电管道与设备等等。交接检通常由单位工程负责人（或施工队技术负责人）主持，由有关班组长或分包单位参加，它是下道工序对上道工序质量的验收，也是班组之间的检查、督促和互相把关。交接检是保证下一道工序顺利进行的有力措施，也有利于分清质量责任和成品保护，也可以防止下道工序对上道工序的损坏，它促进了质量的控制。

在分项工程、分部工程完成后，由施工企业专职质量检查员，对工程质量进行核定。其中地基与基础分部工程、主体分部工程，由企业技术、质量部分组织到施工现场进行检查验收和质量核定，以保证达到标准的合格规定，以便顺利进行下道工序。专职质量检查员正确掌握国家验评标准，是搞好质量管理的一个重要方面。

以往单位工程质量检查达不到合格，其中一个重要原因就是自检、互检、交接检执行不认真，检查马虎，流于形式，有的根本不进行自检、互检、交接检，干成啥样算啥样。有的工序、分项（分部）以及分包之间，不检查、不验收、不交接就进行下道工序，单位工程不自检就交给用户，结果是质量粗糙，使用功能差，质量不好，责任不清。

二、谁生产谁负责质量

质量检查首先是班组在生产过程中的自我检查，这是一种自我控制的检查，是生产者应该做的工作。按照操作规程进行操作，依据验评标准进行工程质量检查，使生产出的产品达到标准规定的合格或优良，然后交给单位负责人，组织进行分项工程质量等级的检验评定。

施工过程中，操作者按规范要求随时检查，为体现谁生产谁负责质量的原则，标准中规定单位工程负责人组织检验评定分项工程质量等级；相当于施工队一级的技术负责人组织评定分部工程质量等级；企业技术负责人组织单位工程质量检验评定。在有总分包的工程中总包单位对工程质量应全面负责，分包单位应对自己承建的分项、分部工程的质量等级负责，这些都体现了谁生产谁负责质量的原则，自己要把关，自己认真评定后才交给下一道工序（或用户）。

好的质量是施工出来的，操作人员没有质量意识，管理人员没有质量观念，不从自己的工作做起，想搞好质量是不可能的。所以，这次标准修订过程中，规定了各级都要承担质量责任，从分项工程就严格掌握标准，加强控制，把质量问题消灭在施工过程中。而且层层把关，各负其责，为搞好质量而共同努力。

三、加强第三方认识

在标准中，分项、分部工程质量检验评定规定了由专职质量检查员核定的内容。这种核定是企业内部质量部门的检验，也是质量部门代表企业验收产品质量，以保证企业生产合格的产品，以克服干成什么样就算什么样的状况。分项、分部工程的质量等级不能由班组来自我评定，应以专职质量检查员核定的质量等级为准。达不到标准的合格规定，生产者要负责任，质量部门要起到督促检查的作用。

质量监督是按城市建立有权威的工程质量监理机构，根据有关法规和技术标准，对本地区的工程质量进行监督检查，这种检查是第三方的监督检查认证。第三方认证是质量监理部门，对工程进行质量等级的核定，是最后单位工程评定的质量等级，是工程交工验收的依据。

四、检验评定程序及组织

1．检验评定程序

为了方便工程的质量管理，根据工程特点，把工程划分为分项、分部和单位工程。检验评定的顺序首先检验评定分项工程质量等级，再评定分部工程，最后评定单位工程的质量等级。

对分项工程、分部工程、单位工程的质量检验评定，都是由先评定再核定两个程序组成的。

2. 检验评定组织

标准明确规定，分项、分部和单位工程分别由单位工程负责人、相当于施工队一级的技术负责人、企业技术负责人组织评定。但由于地基与基础和主体分部工程的质量，关系到建筑的整体结构安全，技术性能，其施工方案、技术管理多数单位都是由企业技术部门负责，检验评定也应由企业的技术和质量部门来组织核定，这是符合当前多数企业的实际情况的，这样做也突出了这两个分部的重要性。

至于一些有特殊要求的建筑设备安装工程，以及一些使用新技术、新结构的项目，应按设计和主管部门要求组织有关人员检验评定。

第三章　建筑安装工程质量保证资料及其核查

质量保证资料，是诸多工程技术资料当中的一部分，是系统核查单位工程结构性能和建筑设备功能的主要依据，也是施工单位施工技术、质量管理工作的一个重要方面。

《建筑安装工程质量检验评定统一标准》(GBJ300—88) 规定了单位工程质量保证资料核查的 25 个项目（见表 3-1)。它是对工程质量进行考核和评定的重要依据之一。

第一节　建筑工程质量保证资料

一、钢材出厂合格证、试验报告

各种规格、品种的钢筋必须具有出厂合格证和进行抽样检查钢筋机械性能的试验报告。其化学成分和机械性能指标应符合设计要求和有关规范、标准规定。

质量保证资料核查表　　表 3-1

工程名称：

序号	项目名称		份数	核查情况
1	建筑工程	钢材出厂合格证、试验报告		
2		焊接试（检）验报告，焊条（剂）合格证		
3		水泥出厂合格证或试验报告		
4		砖出厂合格证或试验报告		
5		防水材料合格证、试验报告		
6		构件合格证		
7		混凝土试块试验报告		
8		砂浆试块试验报告		
9		土壤试验、打（试）桩记录		
10		地基验槽记录		
11		结构吊装、结构验收记录		

续表

序号	项目名称		份数	核查情况
12	建筑采暖卫生与煤气工程	材料、设备出厂合格证		
13		管道、设备强度、焊口检查和严密性试验记录		
14		系统清洗记录		
15		排水管灌水、通水试验记录		
16		锅炉烘、煮炉、设备试运转记录		
17	建筑电气安装工程	主要电气设备、材料合格证		
18		电气设备试验、调整记录		
19		绝缘、接地电阻测试记录		
20	通风与空调工程	材料、设备出厂合格证		
21		空调调试报告		
22		制冷管道试验记录		
23	电梯安装工程	绝缘、接地电阻测试记录		
24		空、满、超载运行记录		
25		调整、试验报告		
核查结果	监督部门负责人： 公章 年 月 日			

进口钢筋，凡焊接者还应有化学成分试验报告，合格后才能焊接。

各种型钢，必须具有出厂合格证，材质符合设计要求。如对材质有疑义时，应抽样检验，其结果应符合设计要求和有关规范、标准规定，并出具试验报告。

钢材在加工过程中发生脆断、焊接性能不良或机械性能显著不正常等现象时，应进行化学成分分析和有关的专项试验。

钢材出厂合格证的主要内容为：进场钢材的炉罐（批）号、钢号、规格、数量，钢材的化学成分和机械性能试验结果等。

钢材试验报告的主要内容为：工程名称，钢号、规格、数量，钢材出厂合格证或试验报告单编号，机械性能试验结果等。

钢材化学成分试验报告的主要内容为：工程名称，钢号、规格、数量，钢材出厂合格证或试验报告单编号，化学成分分析结果等。

二、焊接试（检）验报告，焊条（剂）合格证

任何需要焊接的钢材，必须进行焊接质量试（检）验，其试件数量、取样和焊接（缝）质量的试验结果应符合设计要求或有关规范的规定。

焊条、焊剂必须具有出厂合格证，与焊接形式所要求的品种、规格应一致，需烘焙的还应有烘焙记录。凡施焊的各种材料均应具有产品质量证明书。

钢筋焊接试（检）验报告的主要内容为：工程名称，部件及构件类型，制作和试验日期，钢筋级别、规格，接头或制品批号、种类、数量，外观检查和机械性能试验结果，制作单位等。

钢材焊接试（检）验报告的主要内容为：工程名称，部件及构件类型，制作和检验日期，钢材级别、规格，焊缝长度，外观检查、超声波检验和X射线检验结果，制作单位等。

焊条合格证的主要内容为：焊条类别、名称，统一牌号，符合国家标准，生产单位、日期、批号，焊缝金属化学成分、机械性能，焊接电源，参考电流，说明及用途，试验日期等。

焊剂合格证的主要内容为：焊剂牌号、类型，生产单位、日期、批号，焊剂参考成分，说明及用途，试验日期等。

三、水泥出厂合格证或试验报告

水泥进场时，必须具有出厂合格证，并应对其品种、标号、包装、出厂日期等检查验收。对于重要结构的水泥、小厂水泥、进口、过期、及无出厂合格证的水泥或对其质量有疑义时，使用前应按规定取样复验，提出试验报告，并按其试验结果使用。

水泥出厂合格证的主要内容为：使用单位，工程名称，生产厂名，证书字号，发证日期，水泥品种、标号、出厂日期、品质指标（细度、安定性、凝结时间、SO_3及MgO含量、抗压及抗折强度）数据，代表数量，试验报告单号及生产厂签章等。

水泥试验报告的主要内容为：施工单位，工程名称，生产厂名，水泥品种、标号、出厂日期，试验日期，品质指标（同“出厂合格证”）数据，代表数量，试验报告单号及试验单位，试验人员签章等。

四、砖出厂合格证或试验报告

砖进场时，必须具有与实际使用品种和数量相符的分批量出厂合格证。无出厂合格证或对材质有疑义时，应按规定取样复验，提出试验报告，并按其试验结果使用。

砖出厂合格证的主要内容为：生产厂名，证书编号，发证日期，砖等级、标号，耐久性试验，抗压、抗折强度、平均强度，外观等级，代表数量，试验报告单号，生产厂签章等。

砖试验报告的主要内容为：施工单位，工程名称，砖生产单位，设计标号，试验日期，试验项目、编号，试件尺寸，受压（折）面积，破坏荷载，抗压（折）强度，平均强度，外观等级，代表数量及鉴定结论等。

五、防水材料合格证、试验报告

屋面及地下防水工程采用的防水材料，品种繁多。目前卷材防水仍占相当大的比重。

防水卷材应具有出厂合格证（主要内容有不透水性、吸水性、耐热度、拉力、柔度等）。其规格、品种应符合设计要求。如无出厂合格证或对材质有疑义以及设计有特殊要求者，应进行抽样试验，合格者方可使用。

沥青胶结材料应具有出厂合格证（主要内容有针入度、软化点、延度等）。并进行抽样试验，其技术性能应达到设计要求。

玛瑞脂应有试验室试验单（主要内容有耐热度、柔韧性、粘结力等）。并有熬制和使用过程中的现场配制的取样试验报告，其技术性能应符合设计要求。

对其他防水材料，应按设计要求进行试验，其技术性能应达到设计要求。

卷材试验报告的主要内容为：工程名称、卷材品种、标号、来源、使用部位、数量，试验项目、结果，质量标准、检验意见和试验日期等。

沥青胶结材料试验报告的主要内容为：工程名称，沥青品种、来源、用途，试验项目、结果，国家标准，检验意见及试验日期等。

玛瑞脂试验报告的主要内容为：工程名称，设计要求，配合比，使用部位，工程量，沥青种类、标号及软化点，填充料名称、含水率、筛余量，试验项目、结果，技术性能，检验意见及试验日期等。

六、构件合格证

凡是为某一工程提供的构配件制品，如混凝土和钢筋混凝土预制梁、板、柱、屋架、砌块等构件；塑料制品中管、槽、箱；木制品中的门窗框、扇；金属制品中的柱间支撑、屋架、天窗架、钢门窗、人梯等半成品，必须具备合格证方可用于工程，且各种构件合格证的试验内容应符合设计要求和规范规定。

1. 混凝土预制构件出厂合格证

预制构件厂合格证的主要内容为：委托单位，工程名称，产品生产许可证编号，构件合格证编号，构件名称及型号、数量、生产日期，混凝土强度等级，钢筋分项质量评级，构件分项质量评级，结构性能试验结果，制表日期，有关签字盖章等。

现场预制构件，应按《预制混凝土构件质量检验评定标准》(GBJ321—90）的规定进行评定。评定时，按检验批评定各分项的质量等级，并以检验批构件分项的项数，参加分部工程的评定。

2. 钢结构构件出厂合格证

合格证的主要内容为：委托单位，工程名称，构件名称、规格、型号，构件形式，质量鉴定情况等。

现场制作的钢构件，按钢结构验收规范进行质量评定和验收。

3. 木构件出厂合格证

合格证的主要内容为：委托单位、工程名称，构件名称、规格、型号，构件形式，质量鉴定情况等。

现场制作的木构件可不用合格证形式，但必须有含水率、防腐、防虫、防火处理所用药剂、处理方法及药剂用量等记录。

七、混凝土试块试验报告

现场配制的混凝土，应有试验室试配单。各种材料的材质、品种等应满足设计要求，施工配料有计量。

商品混凝土应于浇筑地点制作试块：有特殊要求的（如抗渗、抗冻等）混凝土，其性能应满足设计要求和规范规定。

试件的取样、制作、组数，强度代表值的确定及强度评定方法应符合《混凝土强度检验评定标准》(GBJ107—87)的有关规定。

混凝土抗压强度试验报告的主要内容为：工程名称，试件部位，设计等级，混凝土配合比，材料品种、规格，拌制方法，坍落度，拌制日期，试验龄期，养护方法、温度，试件编号、尺寸，试压日期，抗压强度，折算系数，平均强度等。

八、砂浆试块试验报告

所有砂浆应有经试验室确定的重量配合比单。现场的各种材料有计量。其配合比，材料的品种、规格及掺合料应符合设计要求和规范规定。

试件的取样、制作、组数及强度评定应符合《砖石工程施工及验收规范》(GBJ203—83)的有关规定。

砌筑砂浆抗压强度试验报告的主要内容为：工程名称，试件部位，强度等级，配合比，材料品种、规格，拌制方法、日期，砂浆稠度，养护方法、温度，试压日期，试拌编号、尺寸，受压面积，破坏荷载，抗压强度，平均强度等。

九、土壤试验、打（试）桩记录

1. 土壤试验

土壤试验包括素土、灰土、回填砂或砂石等。其检验方法主要为干密度试验、标准贯入仪检查、静力触探或轻便触探等。

干密度试验应按规定数量分层取样试验，并有分层取点平面示意图及编号，试验单编号应与平面图对应。试验单应注明土质及所要求的干密度。其试验结果应符合有关规范规定。

贯入仪检查、静力触探或轻便触探检查应有详细记录，并与试夯时所确定的数据要求相同。

土壤试验记录的主要内容为：工程名称，取样部位、方法，试验组别，试样尺寸，制作日期，干密度，结论及试验日期等。

2. 打（试）桩记录

(1) 打桩记录　包括各种预制桩和灌注桩。必须采用规范附表格式记录，其数据应符合设计要求和规范规定，并附验收平面图。

预制桩（打入桩）施工记录的主要内容为：工程名称，桩规格、长度，接桩类型，桩顶设计标高，编号，打桩日期，总锤击数，桩入土每米锤击次数，最后10cm锤击次数，平均落距，最后贯入度，送桩前水平位移，接桩间隙时间，垂直偏差，桩顶最终标高等。

灌注桩（振动沉管）施工记录的主要内容为：工程名称，设计桩长，桩管规格、长度，混凝土等级、坍落度，配筋情况，桩号，沉管时间，最后贯入度，沉管长度，灌注混凝土量，拔管时间，充盈系数，桩顶离设计高度及施工日期等。

(2) 打试桩记录　《建筑地基基础设计规范》(GBJ7—89)规定：单桩的承载力，对于一级建筑物，应通过现场静荷载试验确定。在同一条件下的试桩数量，不宜少于总桩数的1%，并不少于3根。对于二级建筑物的单桩承载力，可参照地质条件相同的试验资料，根据具体情况确定。一般做法是：由建设、设计、施工单位代表，根据地质勘探报告和设计要求，选定位置，试打一定根数的桩（一般1～3根），并作出记录。由设计单位根据打试桩情况，确定工程桩的控制标准。

打试桩记录的主要内容为：工程名称，试打日期，设计桩型，混凝土等级，配筋情况，施工机械，桩号及平面分布情况，确定工程桩控制标准及建设、设计、施工单位签字等。

十、地基验槽记录

《建筑工程质量检验评定标准》(GBJ301—88) 规定：柱基、基坑、基槽和管沟基底的土质，必须符合设计要求，并严禁扰动；填方的基底处理，必须符合设计要求或施工规范的规定；柱基、基坑、基槽、管沟和水下爆破后基底的岩土状态，必须符合设计要求；灰土、砂、砂石和三合土基底的土质必须符合设计要求。以上规定，均要求提供验槽记录、基底处理记录。

地基验槽记录的主要内容为：工程名称，建设单位，施工单位，工程部位，地基验槽内容，验核意见及建设、设计、施工单位签字等。

其中，地基验槽的主要内容为：几何尺寸，基底标高，地下水与地表水情况，遇有障碍物的清除和处理情况及遇有不良地质现象的处理情况等。

有打钎要求者应有打钎记录及平面图；须进行地基处理者，应有处理记录及平面图，注明处理部位、深度及方法，并经复验签证。

十一、结构吊装、结构验收记录

1. 结构吊装记录

民用建筑的预制梁、板、柱及屋架等吊装件；工业建筑的各种联系梁、吊车梁、天窗架、垂直或水平拉杆、钢筋混凝土排架、桁架等吊装，都必须填写结构吊装记录。

结构吊装记录的主要内容为：工程名称，施工部位，检查内容，验核意见和记录日期等。

其中，检查内容的记录：对一般结构工程应有构件型号、部位、搁置长度、固定方法等内容；对装配式框架结构工程，必须有逐层、逐段的相应内容的记录，并附分层、分段的平面图。

2. 结构验收记录

单位工程进入装饰以前，应进行结构验收，并对存在的问题及时进行处理，使结构工程在进入装饰以前不存在隐患。

结构验收应在主体完工以后或在完工前分层、分段由设计、建设、施工单位共同验收并签证。

结构验收记录的主要内容为：工程名称，验收部位、质量情况（主要是质量保证资料及观感)，验收意见，设计、建设、施工单位签字及验收日期等。

有抗震要求的地区还应认真检查抗震措施是否符合设计及规范要求。

第二节　建筑采暖卫生与煤气工程质量保证资料

一、材料、设备出厂合格证

《采暖与卫生工程施工及验收规范》(GBJ242—82) 规定：暖卫工程所使用的主要材料、设备及制品，应有符合国家或部颁现行标准的技术质量鉴定文件或产品合格证。

这些主要材料、设备及制品包括：各种管材及型钢；各种阀类；离心式水泵和汽泵；散热器、暖风机等散热设备；水位计、压力计、温度计和煤气表等自动化仪表；减压器、疏水器、调压器和分汽缸等管道附件、构件；锅炉及锅炉鼓、引风机、除尘器；焊条等。

在合格证中应准确、齐全地反映出各项技术参数、制作日期、法定检测部门对产品所签定的结论等。

二、管道、设备强度、焊口检查和严密性试验记录

1. 管道、设备强度试验记录

包括单项试压和系统试压，其结果应符合设计要求或规范规定。

管道、设备强度试压记录的主要内容为：工程名称，建设单位，分项工程名称，试压时间、部位、材质、规格、数量，试压标准及规定，度压经过及问题处理，有关人员签字等。

2. 焊口检查记录

按设计要求进行观察检查、渗透、透视或照相检查。其结果应符合设计要求或规范规定。

焊口检查记录的主要内容为：工程名称，建设单位，分项工程名称，管道名称、材质、规格、数量，对口型式及组对，焊口平直度，焊缝加强面高度和宽度，外观质量，无损探伤检查及有关人员签字等。

3. 严密性试验记录

包括煤气管道、设备及附件，给水、采暖、热水系统主干管起切断作用的阀门以及设计有要求的项目，除了严密性应符合要求外，尚应检查其试验程序、升压、降压情况等，并符合设计要求或规范规定。

严密性试验记录的主要内容为：工程名称，建设单位，分项工程名称，管道、设备名称、规格、型号、数量，试验介质，严密性试验压力，结论及有关人员签字等。

三、系统清洗记录

管道、设备安装前应清理除垢。设计要求或规范规定的管道系统，应有竣工后或交用前的冲洗除污（吹洗、脱脂）记录，其内容应符合设计要求。

系统清洗记录的主要内容为：工程名称，建设单位，分项工程名称，清洗前的检查情况，清洗项目，介质名称、压力或流速，进行时间，结论及有关人员签字等。

四、排水管灌水、通水试验记录

排水系统有按系统或分段做灌水试渗漏试验记录，试验结果应符合设计要求或规范规定。

室内外给水系统应做通水试验。同时开放最大数量配水点的额定流量、消火栓组数的最大消防能力、室内排水系统的排放效果等试验记录，其结果应符合设计要求。

排水管灌水、通水试验记录的主要内容为：工程名称，建设单位，分项工程名称，试验时间、部位，材质、规格、数量，试验方式、标准，达到数值，标准依据，试验经过及问题处理，有关人员签字等。

五、锅炉烘、煮炉、设备试运转记录

1. 烘炉记录

包括锅炉本体及热力交换站的有关管道和设备，火焰烘炉温度升、降温记录，烘烤时间和效果应符合设计要求和规范规定。

烘炉记录的主要内容为：工程名称，建设单位，分项工程名称，锅炉型号，烘炉方法、时间，测温部位、方法，烘炉前、后砌筑砂浆含水率（砖砌炉墙火焰烘炉），烘炉记载，结

论及有关人员签字等。

2. 煮炉记录

锅炉运行前必须进行煮炉。煮炉完后，应对锅炉和接触过药液的阀门等进行冲洗并清除沉积物。

煮炉记录的主要内容为：工程名称，建设单位，分项工程名称，锅炉型号，煮炉时间，炉水容量、碱度，药品名称、用量、成分，加药程序，蒸汽压力，升降温控制，煮炉记载，结论及有关人员签字等。

3. 设备试运转记录

主要包括锅炉、水泵、风机和热交换站、煤气调压站等设备管道及附件。其运转工作性能及水质、烟尘排放浓度等，均应符合设计要求及有关专门规定。

设备试运转记录的主要内容为：工程名称，建设单位，分项工程名称，锅炉型号，冷态试运转（机械传动炉排），风机、水泵试运转（滚、滑动轴承温升），结论及有关人员签字等。

第三节　建筑电气安装工程质量保证资料

一、主要电气设备、材料合格证

主要电气设备应包括：电力变压器、高低压成套配电柜、动力照明配电箱、高压开关、低压大型开关、蓄电池和其他应急电源等，应有合格证。

主要材料应包括：硬母线、电线、电缆及其附件、大型灯具、水泥电杆、变压器和蓄电池用硫酸等，应有合格证。

低压设备及附件等，也应有出厂证明。

主要电气、设备、材料合格证中电线如采用阻燃性塑料电线，不但应有合格证，还应提供产品的试验报告。

合格证中的内容应符合相应标准和规范的规定。

二、电气设备试验、调整记录

主要设备使用前，必须开箱检验及试验。如各种阀、表的校验，各种断路器的外观检验、调整及操动试验，各类避雷器、电容器、变压器及附件、互感器、各种电机、盘柜、低压电器的检验和调整试验等，应按规定进行耐压试验或调整试验，其结果应符合设计要求或规范规定。

凡电气工程竣工前必须进行通电试验。要求进行试运转检验、调整的项目，应有过程记录。设计有要求的工程应有系统或全负荷试验，其结果应符合设计要求。其重点有：全部的高压电气装置及其保护系统（如电力变压器、高压开关柜、高压电机等）、蓄电池充放电记录、具有自动控制系统的低压电机及电加热设备、各种音响讯号监视系统等。

主要设备使用前，除上述要求外，还应在现场核对其名称、型号、规格，并办理开箱检查记录。

三、绝缘、接地电阻测试记录

1. 绝缘电阻测试记录

主要包括设备绝缘电阻测试，线路导线间、导线对地间的测试记录，低压回路（如各照明电路支路、电机支路、电机绝缘等）的绝缘电阻测试，其结果应符合设计要求。

绝缘电阻测试记录的主要内容为：工程名称，分项工程名称，建设单位，仪表型号，设备名称，回路编号，各相间及各相对地间绝缘电阻值，评定结论及有关人员签字等。

2. 接地电阻测试记录

主要包括设备、系统的保护接地装置测试记录（分类、分系统进行），变压器工作接地装置的接地电阻，以及其他专用接地装置的接地电阻测试记录，避雷系统及其他接地装置的接地电阻的测试记录，其结果应符合设计要求。

接地电阻测试记录的主要内容为：工程名称，分项工程名称，建设单位，仪表型号，引下型式，接地种类，规定阻值，实测阻值，简图及说明，结论及有关人员签字等。

第四节　通风与空调工程质量保证资料

一、材料、设备出厂合格证

材料包括风管及部件制作、安装所使用的各种板材、线材及附件，制冷管道系统的管材，防腐、保温材料等。

设备主要包括空气处理设备（消声器、除尘器等）、通风设备（空调机组、热交换器、风机盘管、诱导器、通风机等）、制冷设备（各式制冷机及其附件等）、各系统中的专用设备等。

材料、设备出厂合格证应与实物相符，内容齐全，并有设备开箱检查记录，合格证中各项性能应符合设计要求或规范规定。

二、空调调试报告

各项设备的单机试运转（如风机、制冷机、水泵、空气处理室、除尘过滤设备等），无生产负荷联合试运转的测定，其测定内容及过程应符合设计要求及规范规定。

对洁净系统应测试静态室内空气含尘浓度、室内正压值等，其结果应符合设计要求及规范规定。

空调调试报告的主要内容为：工程名称，分部工程名称，建设单位，试验日期，实测总风量值与设计值的偏差，各风口风量实测值与设计值的偏差，风管系统的漏风率，结论及有关人员签字等。

三、制冷管道试验记录

包括系统的强度、严密性试验和工作性能试验两方面。强度、严密性试验包括阀门、设备及系统。工作性能试验包括管（件）及阀门清洗、单机试运转、系统吹污、真空试验、检漏试验及带负荷试运转等程序。其试验结果应符合设计要求及规范规定。

制冷管道试验记录的主要内容为：工程名称，分项工程名称，建设单位，试验日期，吹污、气密性试验、真空度试验，试验结果及有关人员签字等。

第五节　电梯安装工程质量保证资料

一、绝缘、接地电阻测试记录

绝缘电阻测试主要包括设备、线间、接地间、接头及系统绝缘电阻测试；接地电阻测试主要包括设备及系统保护接地的接地电阻测试，其结果应符合设计要求和规范规定。

绝缘、接地电阻测试记录的主要内容为：工程名称，分项工程名称，建设单位，配线方式，总绝缘（接地）电阻，设计要求，配电箱柜编号，测试仪器，分路绝缘电阻（相间，相地间），结论及有关人员签字等。

二、空、满、超载运行记录

应按不同荷载情况（空、满、超载分别载以额定起重量的0%、100%、110%）分别记录，其内容包括起动、运行和停止时的振动、制动、摩擦及有温升限值的升温情况以及有关性能装置的工作情况。多台程序控制的电梯应有联合试运行记录。其结果应符合设计要求和规范规定。

空、满、超载运行记录的主要内容为：工程名称，分部工程名称，建设单位，电梯型号，空、满、超载试验运行结果及有关人员签字等。

三、调整、试验报告

包括各部位，各系统（曳引、运行、安全保护装置等）的调整、试验报告和整机与试行相结合进行的调整和试验报告。其结果应符合设计要求和规范规定。

调整、试验报告的主要内容为：工程名称，分部工程名称，建设单位，电梯型号，各检查项目（平衡系数、运行速度、称重装置、预载）的试验结果及有关人员签字等。

第六节　质量保证资料的核查

一、质量保证资料的核查

在单位工程进行综合评定时，质量保证资料是否齐全，是一项重要评定内容，并对单位工程质量评定有否决权。因此，各建筑企业和建设工程质量监督部门必须按照评定标准的要求，认真进行统计和核查每个项目资料的齐全程度，这是整个资料核查的基础。每一个项目核查完后，就可以确定整个单位工程的质量保证资料是否齐全。

在统计和核查时应注意以下几点：

(1) 重视资料的可靠性。资料本身的质量，必须内容齐全、准确、真实，如为抄件应注明原件存放单位，并有抄件人、抄件单位的签字和盖章；对抄件的复印件，可视为抄件对待，但应有复印者和抄件单位的签字和盖章；对原件的复印件，一般可视为原件，但当复印件的规格、品种、数量与原件相差较大（即原件的一部分）时，不应直接运用复印件，而要按抄件的形式和规定办理。

(2) 核查时，应按表3-1中所列每一个项目、根据所查单位工程按其结构的要求内容，每项都应符合设计图纸、有关施工规范和专门规定的要求，逐项加以评价。并注意检查是否有返工重做、经设计计算、经法定检测单位鉴定等有关资料或加固补强的记录和结论，并在核查情况栏内记述清楚。

(3) 除表3-1中所列质量保证资料外，有特殊要求的工程，可据实增加检查项目，内容应齐全、准确、真实。这里指的特殊工程是相对于一般常见工程而言的，主要指本标准未包括的通用机械设备安装、容器、工业管道、自动化仪表安装、工业锅炉砌筑等工程，以及超高层的钢结构、特种混凝土及有特殊要求的钢筋混凝土、砖结构等（如100m以上的钢结构，耐酸、耐碱混凝土，混凝土及砖壳体等）。

如有上述情况存在时，施工单位在编制和实施施工方案时，应把质量保证资料专题列出，同时各监督部门认为必须增加核查的资料，施工前也应正式提出，以免事后无法弥补。

（4）关于“基本齐全”的尺度。

在重视质量保证资料质量的同时，还应重视其完整性，就资料的数量而言，同样可引起质量问题。假如本来应该有10份资料，而将其中不合格的一份抽走，只拿出9份合格资料来核查，核查者如何能核实工程质量？因此，资料项目和资料本身应数量齐，无漏项，质量符合有关规定。特别是施工中分批进场的材料（如普通粘土砖），其资料所代表的各批进场数量的总和应基本与实物工程量相等。

按照建设部（90）建建字第57号文件精神，一个单位工程，如能按“标准”要求，具有数量和内容完整的技术资料，即称为齐全。如一个单位工程的质量保证资料的类别或数量虽有欠缺，不够那么完善，但仍能反映其结构安全和使用功能是满足设计要求的，即称为基本齐全。如，钢材，按照“标准”要求，既要有合格证，又要有试验报告，即为齐全。实际中，如有一批用于非重要构件的钢材没有出厂合格证，但经法定检测单位检验，该批钢材物理及化学性能均符合设计和标准要求，则可以认为该批钢材的技术资料是“基本齐全”。

（5）核查结果的填写，要注明共核查多少项，其中符合要求多少项，经鉴定符合要求的多少项。（《建筑安装工程质量检验评定统一标准》GBJ300—88附录五中项次2）。

（6）核查工作应分专业进行，有关项目核查并记录清楚后，交总包单位汇总，确定单位工程质量保证资料是否齐全。

二、质量保证资料核查举例

质量保证资料核查表应由施工队内业技术人员负责逐项填写，单位工程负责人签字。由企业技术部门或监督部门核查，负责人签字并盖章。

在核查情况栏内，主要记录在核查中发现的问题。

附：某工程质量保证资料核查表（表3-2）。

质量保证资料核查表 表3-2

工程名称：× × × 工程 施工单位：×× 公司× × 分公司

序	项目名称		份数	核查情况
1	建筑工程	钢材出厂合格证、试验报告	38	1. 有一批$\phi 8$钢筋无出厂合格证，但有试验报告。 2. 对焊无试焊检验报告，有抽检检验报告。 3. 混凝土试块龄期有三组超过28d。 4. 砂浆试块取样组数少一组（1、2层仅取一组）
2		焊接试（检）验报告，焊条（剂）合格证	15	
3		水泥出厂合格证或试验报告	23	
4		砖出厂合格证或试验报告	8	
5		防水材料合格证、试验报告	6	
6		构件合格证	1	
7		混凝土试块试验报告	25	
8		砂浆试块试验报告	14	
9		土壤试验、打（试）桩记录	12	
10		地基验槽记录	1	
11		结构吊装、结构验收记录	3	

续表

<table>
<tr><th>序</th><th colspan="2">项　目　名　称</th><th>份数</th><th>核 查 情 况</th></tr>
<tr><td>12</td><td rowspan="5">建筑采暖卫生与煤气工程</td><td>材料、设备出厂合格证</td><td>9</td><td rowspan="5">个别下水管道由于没有出厂合格证，但经专业人员进行试压、符合设计要求、质检员验收合格</td></tr>
<tr><td>13</td><td>管道、设备强度、焊口检查和严密性试验记录</td><td>8</td></tr>
<tr><td>14</td><td>系统清洗记录</td><td>4</td></tr>
<tr><td>15</td><td>排水管灌水、通水试验记录</td><td>8</td></tr>
<tr><td>16</td><td>锅炉烘、煮炉、设备试运转记录</td><td></td></tr>
<tr><td>17</td><td rowspan="3">建筑电气安装工程</td><td>主要电气设备、材料合格证</td><td>7</td><td rowspan="3">部分插座无合格证，但通过专业技术员及质检员验收合格（绝缘测试合格）</td></tr>
<tr><td>18</td><td>电气设备试验、调整记录</td><td>5</td></tr>
<tr><td>19</td><td>绝缘、接地电阻测试记录</td><td>14</td></tr>
<tr><td>20</td><td rowspan="3">通风与空调工程</td><td>材料、设备出厂合格证</td><td>12</td><td rowspan="3">试验签证齐全，结果符合规范规定</td></tr>
<tr><td>21</td><td>空调调试报告</td><td>1</td></tr>
<tr><td>22</td><td>制冷管道试验记录</td><td>1</td></tr>
<tr><td>23</td><td rowspan="3">电梯安装工程</td><td>绝缘、接地电阻测试记录</td><td>6</td><td rowspan="3">各项试验均有记录，且符合要求</td></tr>
<tr><td>24</td><td>空、满、超载运行记录</td><td>3</td></tr>
<tr><td>25</td><td>调整、试验报告</td><td>1</td></tr>
<tr><td>填表单位</td><td colspan="2">施工队内业技术员
王　芳
单位工程负责人签名
王　奇</td><td>核查结果</td><td>基本齐全
企业技术部门或
监督部门负责人　　公　章
李　川
1996年7月20日</td></tr>
</table>

第四章　建筑安装工程观感质量评定

单位工程的观感质量评定，是单位工程综合评定质量等级的主要内容之一。正确地评定单位工程的观感质量，对单位工程质量的综合评定具有十分重要的意义。

第一节　单位工程观感质量评定的内容和要求

单位工程观感质量评定，即是从整体上对一个单位工程的外观及功能质量进行综合评定（室外的单位工程不进行观感质量评定）。它是通过对建筑工程和建筑安装工程中影响其外表质量及使用功能的可见项目的综合质量评定，并用评分的分值来表示其质量水平的。

一、项目及标准分值的确定

在《建筑安装工程质量检验评定统一标准》(GBJ300—88)（以下简称“统一标准”）附录四（见表4-1）中，将单位工程的观感质量评定主要按工程部位划分为44个项目，均为单位工程完工后外观的可见项目。每个项目的分值是按其对单位工程质量的影响程度、所占工作量或工程量的大小等因素综合考虑来确定的。表中标准分栏内带括号的分值是表示工作量大时的标准分；电梯一项的标准分（5分）是按一台所列，当为两台时总分为10分，三台及三台以上时总分为15分。在评定过程中，该表所列项目和标准分不得任意更改。

单位工程观感质量评定表　　**表4-1**

工程名称：

序号	项目名称		标准分	评定等级					备注
				一级 100%	二级 90%	三级 80%	四级 70%	五级 0	
1	建筑工程	室外墙面	10						
2		室外大角	2						
3		外墙面横竖线角	3						
4		散水、台阶、明沟	2						
5		滴水槽（线）	1						
6		变形缝、雨水管	2						
7		屋面坡向	2						
8		屋面防水层	3						
9		屋面细部	3						
10		屋面保护层	1						
11		室内顶棚	4（5）						
12		室内墙面	10						

续表

序号	项目名称		标准分	评定等级					备注
				一级 100%	二级 90%	三级 80%	四级 70%	五级 0	
13	建筑工程	地面与楼面	10						
14		楼梯、踏步	2						
15		厕浴、阳台泛水	2						
16		抽气、垃圾道	2						
17		细木、护栏	2（4）						
18		门安装	4						
19		窗安装	4						
20		玻璃	2						
21		油漆	4（6）						
22	室内给排水	管道坡度、接口、支架、管件	3						
23		卫生器具、支架、阀门、配件	3						
24		检查口、扫除口、地漏	2						
25	室内采暖	管道坡度、接口、支架、弯管	3						
26		散热器及支架	2						
27		伸缩器、膨胀水箱	2						
28	室内煤气	管道坡度、接口、支架	2						
29		煤气管与其他管距离	1						
30		煤气表、阀门	1						
31	室内电气安装	线路敷设	2						
32		配电箱（盘、板）	2						
33		照明器具	2						
34		开关、插座	2						
35		防雷、动力	2						
36	通风空调	风管、支架	2						
37		风口、风阀、罩	2						
38		风机	1						
39		风管、支架	2						
40		风口、风阀	2						
41		空气处理室、机组	1						
42	电梯	运行、平层、开关门	3						
43		层门、信号系统	1						
44		机房	1						
		小计							
合计	应得　　分，实得　　分，得分率　　%								

检查人员：　　　　　　　　　　　　　　　　　　　　　　　　　　年　　月　　日

如果一个项目含有若干分项时，其标准分可按比重大小（指工程量大小、在建筑物中的作用效果及其对工程质量的影响程度、操作技术的难易程度等综合比重的大小）先进行分值再分配（总分不变），然后分别评定等级。分配时，其最小分项的分值以不小于标准分的10%为宜，且最好能取整数，以方便计算。一般来说，根据工程量大小进行分配比较简单。如某综合楼工程，室外墙面包括面砖、水刷石、花岗石三种做法，其工程量大小分别为50%、30%、20%，则分项标准分一般可按5分、3分、2分分配（总分10分不变）。

二、检查数量的确定及抽样方法

室外和屋面全数检查。将室外和屋面划分成若干段，每段为一个检查单元，并限定一个范围为一个检查点（每点一般为一个开间或3m左右）。一般室外划分为10点；屋面划分为4～8点或按每100m² 为一个检查点来划分。水落管应有几个检查几个。如“一字形”建筑：可取前后檐各4点，两山墙各1点进行检查。“点式”建筑可取两大面各2～3点，两小面各1～2点检查较为合适。

室内抽样检查。检查数量按有代表性的自然间（包括附属房间及厅道等）抽查10%；有地下室的建筑，应包括地下室的自然间。室内有代表性的自然间指：某项的各分项均能检查到的一些房间。如某单位工程的室内顶棚有3种类型，则3种类型的顶棚分项应按比重大小分配检查处（间）进行检查。附属房间指公共建筑的公用房间，如盥洗室、厕所、服务员工作室、贮藏室等；住宅建筑的厨房、厕所、过道等。厅道指走廊、楼梯间等。一般住宅建筑抽查的10%的自然间中，居室占5%、厕所占2%、厨房占2%、过道占1%。

卫生、煤气工程着重抽查厨房、厕所、浴室、盥洗间。从中抽查有代表性的管段和自然间5%～10%，且不少于5个管段和自然间，其中消防栓检查不少于5个。

电气工程按有代表性的自然间抽查10%，且不少于5处（件），防雷、接地全数检查，配电箱（盘）抽查5个。

通风、空调工程抽查5%～10%且不少于5个管段和自然间，风机、空气处理室全数检查。

电梯安装工程全数检查。

具体检查时，其抽查的处（间）应采取随机抽样的方法确定。抽查出的处（间）应在施工图上勾划清楚，再按既定处（间）进行检查。选择检查处（间）时，除应具有代表性外，还应突出重点，照顾全面，尤其数量较少的项目也应基本照顾到。

多层建筑采取逐层检查时，应适当增加首层和顶层的自然间；高层建筑采取跳层检查时，必须包括首层和顶层，中间层则应选择有代表性房间的层次。其目的是为了检查地面空鼓、裂纹和屋面渗漏等质量通病情况，促使施工单位及施工人员特别注意这些部位的质量。

三、项目等级标准

项目等级标准即某项目被评为合格或优良的标准。评定每个项目的质量等级，是观感质量评定的基础，而每个项目的质量等级又是由若干个检查处（间）的质量来确定的。因此，只有把每个检查处（间）的质量等级确定了，每个项目的质量等级方能确定，其分值也就确定了，则单位工程观感质量等级也就确定了。

每个检查处（间）可评为优良、合格两个等级。每个检查处（间）优良、合格的质量指标就是在《建筑安装工程质量检验评定标准》（合订本）中各分项工程所能观察检查到的那些内容，一般是以基本项目为主，有的也涉及到保证项目和允许偏差项目的某些内容（见本章第二节表4-2）。

每个检查处（间）的质量等级，必须以相应分项工程标准的规定为依据，符合优良标准者为优良；符合合格标准者为合格；达不到合格标准者为不合格。根据“统一标准”的规定：有不符合标准合格规定的处（间）者，该项目评为五级（得分率为“零”），并应处理。

然而，当单位工程进行观感质量评定时，已即将竣工交付使用，检查中出现的不合格处（间）有的对美观有一定影响，有的对使用功能有一定影响，但影响程度有的可能不大，施工、建设单位也不一定同意返修或认为返修的必要性不大。

因此，建设部对不符合标准合格规定（即不合格）的处（间）评定等级标准有如下解释：观感质量评定，是从整体上对一个单位工程的外观及功能质量进行综合评定。如在检查中发现某一处（间）不符合标准合格的规定时，可以进行返修，返修后可以重新评定等级；若返修不了，一般不轻易地以一处（间）而否定其总体，要具体情况作具体地分析，若其他处（间）都好，而其中一处（间）存在问题，且此处（间）又不可能返修时，可采取降低一个等级的办法处理：若存在问题的处（间）较多且又突出时，尽管其他处（间）质量很好，也只能评为“五级”（得分率为“零”）。

可见，当单位工程出现不合格处（间）后，都将在一定程度上影响其观感质量得分，甚至出现不合格工程。所以，施工单位要特别重视各分项工程质量达标的必要性。

第二节　单位工程观感质量评定点的质量要求

单位工程观感质量评定表中所列评定项目，其观感质量等级标准在《建筑安装工程质量检验评定标准》（合订本）中，都有明确地规定。为了便于学习掌握和统一观感质量评定的质量要求，以及正确评定各检查处（间）的观感质量等级，现将单位工程观感质量评定表中所列项目的合格、优良指标汇编在一起（见表 4-2），以供参考。

单位工程观感质量评定点合格、优良标准　　表 4-2

序号	部位	项目名称		质量要求
1	室外墙面	一般抹灰工程包括石灰砂浆、水泥混合砂浆、水泥砂浆、聚合物水泥砂浆、膨胀珍珠岩水泥砂浆和麻刀石灰、纸筋石灰、石膏灰等	适用于普通抹灰、中级抹灰、高级抹灰	保证项目：各抹灰层之间及抹灰层与基体之间必须粘结牢固，无脱层、空鼓，面层无爆灰和裂缝（风裂除外）等缺陷（空鼓而不裂面积不大于 $200cm^2$ 者可不计） 基本项目： 1. 孔洞、槽、盒和管道背面表面 合格：尺寸正确、边缘整齐；管道后面平顺 优良：尺寸正确、边缘整齐、光滑；管道后面平整 2. 护角和门窗框与墙体间隙的填塞 合格：护角材料、高度符合施工规范规定；门窗框与墙体间缝隙填塞密实 优良：护角符合施工规范规定，表面光滑平顺；门窗框与墙体间缝隙填塞密实，表面平整 3. 分格条（缝） 合格：宽度、深度基本均匀，楞角整齐，横平竖直 优良：宽度、深度均匀，平整光滑，楞角整齐，横平竖直，通顺 4. 滴水线和滴水槽 合格：滴水线顺直；滴水槽深度、宽度均不小于 10mm 优良：流水坡向正确；滴水线顺直；滴水槽深度、宽度均不小于 10mm，整齐一致

续表

序号	部位	项目名称		质量要求
1	室外墙面	一般抹灰	普通抹灰	合格：大面光滑，接槎平顺 优良：表面光滑、洁净，接槎平整
			中级抹灰	合格：表面光滑，接槎平整，线角顺直（毛面纹路基本均匀） 优良：表面光滑、洁净，接槎平整，线角顺直清晰（毛面纹路均匀）
			高级抹灰	合格：表面光滑、洁净，颜色均匀，线角和灰线平直方正 优良：表面光滑、洁净，颜色均匀，无抹纹，线角和灰线平直方正，清晰美观
		水刷石表面		合格：石粒紧密平整，色泽均匀，无掉粒 优良：石粒清晰，分布均匀，紧密平整，色泽一致，无掉粒和接槎痕迹
		水磨石表面		合格：表面平整光滑，石子显露均匀 优良：表面平整光滑，石粒显露密实均匀，无砂眼、磨纹和漏磨处，分格条位置准确，全部露出
		斩假石表面		合格：剁纹均匀、顺直、楞角无损坏 优良：剁纹均匀、顺直，深浅一致，颜色一致，无漏剁处，留边宽窄一致，楞角无损坏
		干粘石表面		合格：石粒粘结牢固，分布均匀，表面平整，颜色一致 优良：石粒粘结牢固，分布均匀，表面平整，颜色一致，不显接槎，无露浆无漏粘，阳角处无黑边
		假面砖表面		合格：表面平整，色泽基本均匀，无掉角、脱皮和起砂等缺陷 优良：表面平整，沟纹清晰，留缝整齐，色泽均匀，无掉角、脱皮、起砂等缺陷
		拉条灰表面		合格：拉条顺直，深浅一致，表面光滑，上下端灰口齐平 优良：拉条顺直，清晰，深浅一致光滑洁净，间隔均匀，不显接槎，上下端灰口齐平
		拉毛灰、洒毛灰表面		合格：花纹、斑点、颜色均匀 优良：花纹、斑点均匀，颜色一致，不显接槎
		喷砂表面		合格：表面平整，砂粒粘结牢固，颜色均匀 优良：表面平整，砂粒粘结牢固、均匀、密实，颜色一致
		喷涂、滚涂、弹涂表面		合格：颜色、花纹、色点大小均匀，无漏涂 优良：颜色一致，花纹、色点大小均匀，不显接槎，无漏涂、透底和流坠
		仿石、彩色抹灰表面		合格：表面密实，线条、纹理清晰 优良：表面密实，线条、纹理清晰，颜色协调，不显接槎
		分格条（缝）		合格：宽度、深度基本均匀，楞角整齐，横平竖直 优良：宽度、深度均匀，平整光滑，楞角整齐，横平竖直、通顺

续表

序号	部位	项目名称	质量要求
1	室外墙面	护角	合格：护角材料、高度符合施工规范规定 优良：护角符合施工规范规定、表面光滑平顺
		清水墙勾缝表面	合格：粘结牢固，压实抹光；横平竖直，交接处平顺，无丢缝；灰缝颜色基本一致，砖面无明显污染 优良：粘结牢固，压实抹光，无开裂等缺陷；横平竖直，交接处平顺，深浅宽窄一致，无丢缝；灰缝颜色一致，砖面洁净
		刷浆（喷浆）	保证项目： 一般刷浆（喷浆）严禁掉粉、起皮、漏刷和透底 基本项目： 普通刷浆（喷浆）： 合格：有少量反碱咬色，不超过5处；喷点、刷纹2m正视无明显缺陷；有少量流坠、疙瘩、溅沫；门窗、灯具等基本洁净 优良：有少量反碱咬色，不超过3处；2m正视喷点均匀，刷纹通顺；有轻微少量流坠、疙瘩、溅沫；门窗、灯具等洁净 中级刷浆（喷浆）： 合格：有轻微少量反碱咬色，不超过3处；2m正视喷点均匀，刷纹通顺；有轻微少量流坠、疙瘩、溅沫，不超过5处；颜色一致；装饰线、分色线平直，偏差不大于3mm；门窗、灯具等基本洁净 优良：有轻微少量反碱咬色，不超过1处；1.5m正视喷点均匀，刷纹通顺，有轻微少量流坠、疙瘩、溅沫，不超过3处；颜色一致，有轻微少量砂眼、划痕；装饰线、分色线平直偏差不大于2mm；门窗、灯具等洁净 高级刷浆（喷浆）： 合格：明显处无反碱咬色；1.5m处正视喷点均匀，刷纹通顺，明显处无流坠、疙瘩、溅沫，正视颜色一致，有轻微少量砂眼、划痕；装饰线、分色线平直偏差不大于2mm；门窗洁净，灯具等基本洁净 优良：无反碱咬色；1m正斜视喷点均匀刷纹通顺；无流坠、疙瘩、溅沫；正斜视颜色一致，无砂眼，无划痕；装饰线、分色线平直偏差不大于1mm；门窗灯具等洁净
		美术刷浆（喷浆）	保证项目： 美术刷浆（喷浆）的图案、花纹和颜色必须符合设计或选定样品要求；底层的质量必须符合一般刷浆（喷浆）相应等级的规定 基本项目： 合格：纹理、花点无明显缺陷，线条均匀平直；接边和镶边线条的搭接错位不大于2mm 优良：纹理、花点分布均匀，质感清晰，协调美观；线条均匀平直，颜色一致，无接头痕迹；接边和镶边线条的搭接错位不大于1mm

续表

序号	部位	项目名称	质量要求
1	室外墙面	饰面	保证项目： 饰面板（砖）的品种、规格、颜色和图案符合设计要求 板（砖）安装（镶贴）必须牢固，以水泥为主要粘结材料时，严禁空鼓，无歪斜、缺楞掉角和裂缝等缺陷 基本项目： 1. 饰面板（砖）表面 合格：表面基本平整，洁净 优良：表面平整、洁净、色泽协调一致 2. 接缝 合格：接缝填嵌密实、平直、宽窄均匀 优良：接缝填嵌密实、平直、宽窄一致，颜色一致，阴阳角处的板（砖）压向正确，非整砖的使用部位适宜 3. 板（砖）套割 合格：套割缝隙不超过 5mm；墙裙、贴脸等上口平顺 优良：用整砖套割吻合、边沿整齐；墙裙、贴脸等上口平顺，突出墙面的厚度一致 4. 滴水线 合格：滴水线顺直 优良：滴水线顺直，流水坡向正确
		花饰安装	保证项目： 花饰的品种、规格、图案和安装方式符合设计要求 花饰安装必须牢固，无裂缝、翘曲和缺楞掉角等缺陷 基本项目： 表面质量 合格：花饰表面和安装花饰的基层洁净 优良：花饰表面和安装花饰的基层洁净，接缝严密吻合
2		室外大角	合格：基本顺直 优良：顺直，不缺楞掉角（垂直度可参考如下：砖墙：小于或等于 10m 时，偏差为 10mm；大于 10m 时，偏差为 20mm。混凝土墙：单层多层 20mm；多层大模板 20mm；高层大模板 30mm；高层框架 30mm；装配式大板 10mm） 石墙：细料石 5mm；半细料石 7mm；半料石 10mm；毛料石 20mm；毛石 30mm
3		外墙面横竖线角	合格：基本横平竖直 优良：横平竖直（垂直度可参考如下：构件吊装位移为允许偏差的 2 倍；阳台等凸出 10mm；混凝土结构：单层、多层及多层大模板 8mm；高层框架及高层大模板 5mm；横平、阳台为 5mm）

续表

序号	部位	项目名称		质量要求
4		散水、台阶、明沟		合格：抹灰合格、表面密实压光，无明显裂缝、脱皮、麻面和起砂等缺陷；纵向按规定设置分格缝，横向与墙根交接处设沉降缝，填嵌材料符合设计要求，坡度无倒泛水。台阶相邻两步高差不大于 20mm，齿角整齐。明沟坡向正确，楞角整齐 优良：在合格基础上，表面密实光洁，坡度坡向正确，缝内填料平整适宜。抹灰优良，台阶两步高差 10mm。沟边整齐一致
5		滴水线和滴水槽		合格：滴水线顺直；滴水槽深度、宽度均不小于 10mm 优良：流水坡向正确；滴水线顺直；滴水槽深度、宽度均不小于 10mm，整齐一致
6		变形缝、水落管		变形缝包括沉降缝、伸缩缝和防震缝 合格：缝宽符合设计要求，屋顶、散水全部断开，上下宽度基本一致，需填塞时，材料符合设计要求，盖缝条上下顺直，固定牢固，能保证功能 优良：在合格基础上，变形缝盖板封闭严密，功能良好 洁净水落管包括水落斗、水落管的制作和安装 合格：制作符合设计要求，接缝焊口无开焊，咬口无开缝，安装牢固，管箍固定方法正确，排水畅通，无渗漏；上下节管连接紧密，承插方向、长度（不小于 40mm）正确，管箍间距符合规定；水管正视顺直；防锈干净，刷防锈漆和两遍罩面漆。如用薄钢板制作时，两面均刷防锈漆，无漏涂。阳台、雨篷出水管长度、坡度适宜，无存水 优良：在合格基础上，水管正侧视顺直，油漆颜色均匀，无脱皮、漏刷。排水口距地高度符合规定，弯管的结合限成钝角。阳台、雨篷出水管长度、坡度正确，上下位置对齐，无存水
7		屋面坡度		合格：屋面、天沟、沿沟的排水方向、坡度符合设计要求，无明显积水现象 优良：在合格基础上，无积水现象
8 ～ 10	屋 面	卷材防水屋面	卷材防水层	合格：油毡卷材和胶结材料的品种、标号及玛瑞脂配合比符合设计要求和施工规范规定；卷材防水层严禁有渗漏现象 冷底子油涂刷均匀，油毡铺贴方法、压接顺序和搭接长度基本符合规范规定，粘贴牢固，无滑移、翘边缺陷 优良：在合格基础上，无滑移、翘边、起泡、皱折等缺陷

续表

序号	部位	项目名称		质量要求
8～10	屋面	卷材防水屋面	屋面细部	卷材防水屋面细部包括泛水、檐口、变形缝和排气屋面孔道的留设，水落口及变形缝、檐口等处薄钢板的安装 合格：泛水、檐口、变形缝处油毡粘贴牢固，封盖严密；卷材附加层、泛水立面收头等做法基本符合施工规范规定。排气道纵横贯通，排气孔安装牢固，封闭严密。薄钢板各种配件均安装牢固，并涂刷防锈漆 优良：在合格基础上，卷材附加层、泛水立面收头等做法符合施工规范规定。排气道无堵塞，排气孔位置正确。薄钢板安装牢固，水落口平正，变形缝檐口等处薄钢板安装顺直，防锈漆涂刷均匀
			保护层	卷材屋面保护层包括绿豆砂保护层和板材及整体保护层 合格：豆砂粒径宜为3～5mm，色浅，耐风化，颗粒均匀。筛洗干净，撒铺均匀，粘结牢固。板材按块材楼地面标准评定，整体保护层按整体楼、地面标准评定 优良：在合格基础上，豆砂要预热干燥，表面洁净。板材和整体保护层，按块材和整体楼地面标准评定
		油膏嵌缝涂料屋面	防水层	保证项目： 嵌缝油膏和防水涂料的质量必须符合设计要求；油膏必须嵌填严密粘结牢固，无开裂；涂料防水层必须平整、厚度均匀，无脱皮、起皮、裂缝、鼓泡等缺陷 基本项目： 1. 板缝基层 合格：板缝做法符合施工规范规定，板缝表面平整密实，干燥洁净，并涂刷冷底子油 优良：在合格基础上，冷底子油涂刷均匀，无松动、露筋、起砂、起皮等缺陷 2. 保护层 合格：嵌缝后的保护层，粘结牢固，覆盖严密 优良：在合格基础上，保护层盖过嵌缝油膏两边各不少于20mm
			屋面细部	细部包括凸出屋面的连接处（女儿墙、墙、天窗壁、伸出屋顶的烟道、排气管、管道，变形缝等）檐口、檐沟、天沟、泛水等处的处理 合格：各处细部均处理，并不漏水 优良：在合格基础上，各细部做法一致，美观
			保护层	合格：在防水涂料最后一道涂层结膜硬化之后；应在涂层做浅色保护层 优良：在合格基础上，保护层厚度均匀，无漏刷

续表

序号	部位	项目名称		质量要求
8～10	屋面	细石混凝土屋面	防水层	保证项目：原材料、外加剂、混凝土防水性能及强度符合施工规范规定。钢筋品种、规格、位置及保护层厚度符合设计要求及施工规范规定 防水层外观 合格：防水层表面平整，压实抹光，无裂缝 优良：在合格基础上，防水层厚度均匀一致，且无起壳、起砂等缺陷
			细部做法	合格：泛水、檐口做法正确，分格缝的设置位置和间距做法基本符合施工规范规定，缝格和檐口顺直，油膏嵌缝 优良：在合格基础上，分格缝的位置和间距做法符合施工规范规定，缝格和檐口平直
		平瓦屋面	平瓦防水层	保证项目： 平瓦的质量必须符合有关标准的规定；大风和地震地区，以及坡度超过30°的屋面或楞摊瓦屋面，必须用铁丝将瓦与挂瓦条扎牢 合格：挂瓦条分档均匀，铺钉牢固；瓦面基本整齐 优良：在合格基础上，挂瓦条、铺钉平整，瓦面平整，行列整齐，搭接紧密，檐口平直
			细部做法	1. 屋脊和斜脊 合格：脊瓦搭盖正确，封固严密，屋脊和斜脊顺直 优良：在合格基础上，脊瓦间距均匀，屋脊和斜脊平直，无起伏现象 3. 天沟、斜沟、檐沟和泛水 合格：天沟、斜沟、檐沟和泛水做法基本符合施工规范规定，结合严密，无渗漏 优良：在合格基础上，天沟、斜沟、檐沟和泛水平直整齐
		薄钢板和波形薄钢板屋面	钢板防水层	保证项目： 薄钢板和波形薄钢板的材质及厚度必须符合设计要求和施工规范规定，钢板必须用防水垫圈的镀锌螺栓（螺钉）固定，固定点设在波峰上 钢板安装 合格：拼板的固定方法正确，横竖拼缝及其交接处的咬口严密；波形薄钢板的搭接缝严密 优良：在合格的基础上，主咬口相互平行且高低一致，螺栓（螺钉）的数量符合施工规范规定

续表

序号	部位	项目名称		质量要求
8～10	屋面	薄钢板和波形薄钢板屋面	保护层	钢板油漆 合格：除锈干净，涂刷防锈漆和两度罩面漆，如用薄钢板制作时，两面均涂刷防锈漆。油漆无脱皮、漏涂 优良：在合格的基础上，油漆涂刷均匀，如用薄钢板制作时，两面均涂防锈漆和两度罩面漆
			细部做法	合格：天沟、斜沟、檐沟和泛水做法基本符合施工规范规定，结合严密，无渗漏 优良：在合格的基础上，天沟、斜沟、檐沟和泛水平直整齐
		波形石棉瓦屋面	波瓦防水层	保证项目： 波形石棉瓦的质量必须符合有关标准规定；波瓦必须先钻孔打眼，后用带防水垫圈的镀锌螺栓（螺钉）予以固定，固定点必须在靠近波瓦搭接部分波峰上 基本项目： 合格：固定牢固，无渗漏现象 优良：在合格基础上，铺设顺主导风向，搭接宽度大于半波，割角正确，每张瓦上的螺钉不少于2个。风大地区钉数应增加
			细部做法	合格：脊瓦搭盖正确，嵌封严密，屋脊和斜脊顺直。天沟、斜沟和泛水填塞严密，固定牢固，无渗漏 优良：在合格基础上，脊瓦间距均匀，屋脊和斜脊平直，无起伏现象。天沟、斜沟和泛水坡度正确，无积水现象
11	室内顶棚	一般普通抹灰顶棚		室内顶棚的保证项目同室内墙面装饰保证项目的要求，吊顶等装饰大厅顶棚的质量要求，按设计要求评定，但对顶棚的安全性要更注意检查，以防脱落伤人 合格：大面光滑，接槎平顺 优良：表面光滑、洁净，接槎平整
		中级抹灰顶棚		合格：表面光滑、接槎平整，线角顺直（毛面纹路基本均匀） 优良：表面光滑、洁净，接槎平整，线角顺直清晰（毛面纹路均匀）
		高级抹灰顶棚		合格：表面光滑、洁净，颜色均匀，线角和灰线平直方正 优良：表面光滑、洁净，颜色均匀，无抹纹，线角和灰线平直方正，清晰美观
		装饰抹灰顶棚		保证项目同装饰抹灰墙面，但其安全性要更注意检查，以防脱落伤人 （1）拉毛灰、洒毛灰 合格：花纹、斑点、颜色均匀 优良：花纹、斑点均匀，颜色一致，不显接槎 （2）喷砂

续表

序号	部位	项目名称	质量要求
11	室内顶棚	装饰抹灰顶棚	合格：表面平整，砂粒粘结牢固，颜色均匀 优良：表面平整，砂粒粘结牢固、均匀、密实，颜色一致 (3) 喷涂、滚涂、弹涂 合格：颜色、花纹、色点大小均匀，无漏涂 优良：颜色一致，花纹、色点大小均匀，不显接槎，无漏涂透底和流坠 (4) 彩色抹灰 合格：表面密实，线条、纹理清晰 优良：在合格基础上，颜色协调，不显接槎
		油漆顶棚（见装饰工程）	按油漆项目的标准评定 (1) 混色油漆分为普通、中级、高级油漆来评定 (2) 清漆工程分为中级、高级油漆来评定 (3) 美术油漆按美术油漆的项目标准评定
		刷浆（喷浆）顶棚	顶棚的表面平整、密实，线条、纹理顺直清晰，主要检查抹灰质量项目，有刷浆（喷浆）的项目主要检查颜色、色彩。接槎痕迹抹灰、刷浆（喷浆）都有，都要检查 (1) 一般刷浆（喷浆） 保证项目： 严禁掉粉、起皮、漏刷和透底 基本项目： 分为普通、中级、高级来评定，其质量要求按（1）项外墙面刷浆的质量指标来评定 (2) 美术刷浆（喷浆） 保证项目： 美术刷浆（喷浆）的图案、花纹和颜色必须符合设计或选定样品的要求。底层严禁掉粉、起皮、漏刷和透底 基本项目： 其质量要求按（1）项外墙面美术刷浆的质量指标来评定
		裱糊	保证项目： 壁纸、墙布必须粘结牢固，无空鼓、翘边、皱折等缺陷 基本项目： (1) 表面 合格：色泽一致，无斑污 优良：在合格基础上，无胶痕 (2) 拼接 合格：横平竖直，图案端正，拼缝处图案、花纹基本吻合，阳角处无接缝 优良：在合格基础上，拼缝处图案 花纹吻合，距墙 1.5m 处正视，不显拼缝，阴角处搭接顺光 (3) 细部 合格：裱糊与挂镜线、贴脸板、踢脚线、电气槽盒等交接紧密，无漏贴及不糊盖需拆卸的活动件 优良：在合格基础上，无缝隙及补贴情况

续表

序号	部位	项目名称	质量要求
11	室内顶棚	罩面板顶棚	保证项目： 罩面板安装必须牢固，无脱层、翘曲、折裂、缺楞掉角等缺陷。主梁、搁栅（主筋、横撑）安装必须位置正确，连接牢固，无松动 基本项目： (1) 罩面板表面 合格：表面平整、洁净 优良：表面平整、洁净、颜色一致，无污染、反锈、麻点和锤印 (2) 接缝或压条 合格：接缝宽窄均匀；压条顺直，无翘曲 优良：接缝宽窄一致、整齐；压条宽窄一致、平直，接缝严密 (3) 钢木骨架的吊杆、主梁、搁栅（立筋、横撑）外观 合格：有轻度弯曲，但不影响安装；木吊杆无劈裂 优良：顺直、无弯曲、无变形；木吊杆无劈裂 (4) 填充料 合格：用料干燥，铺设厚度符合要求 优良：在合格基础上，厚度均匀一致 (5) 灰板条和金属网的抹灰基层 合格：灰板条钉结牢固，接头在搁栅（立筋）上，间隙大小符合要求；金属网钉牢，接头在搁栅（立筋）上 优良：在合格基础上，灰板条交错布置，对头缝大小符合要求；金属网钉平，无翘边
		花饰安装	保证项目： 花饰的品种、规格、图案和安装方法符合设计要求。花饰安装必须牢固，无裂缝、翘曲和缺楞掉角等缺陷 表面质量 合格：花饰表面和安装花饰的基层洁净 优良：在合格基础上，接缝严密吻合 （顶棚的评定，除了各项目分别评定外，还有一个综合评定，包括尺度、比例、色彩、协调、格调等，其中也包括灯饰、灯具在内，并有与四周墙面及整个房间的整体协调等，供参考）
12	室内墙面	一般抹灰工程的普通抹灰、中级抹灰、高级抹灰（其中包括石灰砂浆、水泥混合砂浆、水泥砂浆、聚合物水泥砂浆、膨胀珍珠岩水泥砂浆和麻刀石灰、纸筋石灰、石膏灰等）	保证项目：（普通、中级、高级抹灰，装饰抹灰共同要求） 各抹灰层之间及抹灰层与基体之间必须粘结牢固，无脱层、空鼓，面层无爆灰和裂缝（风裂除外）等缺陷（空鼓而不裂面积不大于 $200cm^2$ 乾，可不计） 基本项目：（普通、中级、高级抹灰、装饰抹灰共同要求） (1) 孔洞、槽盒和管道背面表面 合格：尺寸正确，边缘整齐，管道背面平顺 优良：尺寸正确，边缘整齐、光滑；管道背面平整 (2) 护角和门窗框与墙体间隙的填塞

续表

序号	部位	项目名称	质量要求
12	室内墙面	一般抹灰工程的普通抹灰、中级抹灰、高级抹灰（其中包括石灰砂浆、水泥混合砂浆、水泥砂浆、聚合物水泥砂浆、膨胀珍珠岩水泥砂浆和麻刀石灰、纸筋石灰、石膏灰等）	合格：护角材料、高度符合施工规范规定；门窗框与墙体间缝隙填塞密实 优良：护角符合施工规范规定，表面光滑平顺；门窗框与墙体间缝隙填塞密实，光面平整 (3) 分格条（缝） 合格：宽度、深度基本均匀，楞角整齐，横平竖直 优良：宽度、深度均匀，平整光滑，楞角整齐，横平竖直，通顺
			普通抹灰表面 合格：大面光滑，接槎平顺 优良：表面光滑、洁净，接槎平整
			中级抹灰表面 合格：表面光滑，接槎平整，线角顺直（毛面纹路基本均匀） 优良：在合格基础上，光面洁净，线角顺直清晰（毛面纹路均匀）
			高级抹灰表面 合格：表面光滑、洁净，颜色均匀，线角和灰线平直方正 优良：在合格基础上，表面无抹纹，线角和灰线清晰美观
		装饰抹灰	水刷石表面 合格：石粒紧密平整，色泽均匀，无掉粒 优良：石粒清晰，分布均匀，紧密平整，色泽一致，无掉粒和接槎痕迹
			水磨石表面 合格：表面平整光滑，石子显露均匀 优良：表面平整光滑，石子显露密实均匀，无砂眼、磨纹和漏磨处，分格条位置准确，全部露出
			斩假石表面 合格：剁纹均匀顺直，楞角无损坏 优良：剁纹均匀顺直，深浅一致，颜色一致，无漏剁处。留边宽窄一致，楞角无损坏
			干粘石表面 合格：石粒粘结牢固、分布均匀，表面平整，颜色一致 优良：在合格基础上，不显接槎，无露浆、露粘，阳角处无黑边
			假面砖表面 合格：表面平整，色泽均匀，无掉角、脱皮和起砂等缺陷 优良：在合格基础上，沟纹清晰，留缝整齐

续表

序号	部位	项目名称	质量要求
12	室内墙面	装饰抹灰	拉条灰表面 合格：拉条顺直，深浅一致，表面光滑，上下端灰口齐平 优良：在合格基础上，拉条顺直清晰，光滑洁净，间隔均匀，不显接槎
			拉毛灰、洒毛灰表面 合格：花纹、斑点、颜色均匀 优良：花纹、斑点均匀，颜色一致，不显接槎
			喷砂表面 合格：表面平整，砂粒粘结牢固，颜色均匀 优良：在合格基础上，砂粒均匀、密实，颜色一致
			喷涂、滚涂、弹涂表面 合格：颜色、花纹、色点大小均匀，无漏涂 优良：在合格基础上，颜色一致，不显接槎，无透底和流坠
			仿石、彩色抹灰表面 合格：表面密实，线条、纹理清晰 优良：在合格基础上，颜色协调，不显接槎
		清水砖墙勾缝表面	合格：勾缝粘结牢固，压实抹光；横平竖直，交接处平顺，无丢缝；灰缝颜色基本一致，砖面无明显污染。 优良：在合格基础上，勾缝无开裂等缺陷；缝深浅宽窄一致；灰缝颜色一致，砖面洁净
		刷浆（喷浆）	保证项目： 刷浆（喷浆）严禁掉粉、起皮、漏刷和透底 基本项目： 普通刷（喷）浆 合格：有少量反碱咬色，不超过5处；喷点、刷纹2m正视无明显缺陷；有少量流坠、疙瘩、溅沫；门窗、灯具等基本洁净 优良：有少量反碱咬色，不超过3处；2m正视喷点均匀、刷纹通顺；有轻微少量流坠、疙瘩、溅沫；门窗、灯具等洁净 中级刷（喷）浆 合格：有轻微少量反碱咬色，不超过3处；2m正视喷点均匀、刷纹通顺；有轻微少量流坠、疙瘩、溅沫，不超过5处；颜色一致；装饰线、分色线平直，偏差不大于3mm；门窗、灯具等基本洁净 优良：有轻微少量反碱咬色，不超过1处；1.5m正视喷点均匀，刷纹通顺；有轻微少量流坠、疙瘩、溅沫，不超过3处；颜色一致，有轻微少量砂眼、划痕；装饰线、分色线平直偏差不大于2mm；门窗、灯具等洁净 高级刷（喷）浆 合格：明显处无反碱咬色；1.5mm正视喷点均匀、刷纹通顺；明显处无流坠、疙瘩、溅沫；正视颜色一致，有轻微少量砂眼、划痕；装饰线、分色线平直偏差不大于2mm；门窗洁净，灯具等基本洁净 优良：无反碱咬色；1m正斜视喷点均匀、刷纹通顺；无流坠、疙瘩、溅沫；正斜视颜色一致，无砂眼，无划痕；装饰线、分色线平直偏差不大于1mm；门窗灯具等洁净

续表

序号	部位	项 目 名 称	质 量 要 求
12	室内墙面	美术刷浆（喷浆）	保证项目： 美术刷浆（喷浆）的图案、花纹和颜色必须符合设计或选定样品要求；底层的质量必须符合一般刷浆（喷浆）相应等级的规定 基本项目： 合格：纹理花点无明显缺陷；线条均匀平直；接边和镶边线条的搭接错位不大于 2mm 优良：纹理、花点分布均匀，质感清晰，协调美观；线条均匀平直，颜色一致，无接头痕迹；接边和镶边线条的搭接错位不大于 1mm
		裱湖墙面	见室内顶棚裱糊
		饰面板（砖）墙面	见室外墙面
		罩面板及钢木骨架安装墙面	见室内顶棚罩面板顶棚
		花饰安装	见室内顶棚花饰安装
13	地面与楼面	地面与楼面基层	基土必须均匀密实，填料的土质、干土质量密度（控制最优含水量进行夯实）。垫层、构造层（保温层、防水、防潮层、找平层、结合层）的材质、强度（配合比）、密实度符合设计要求。防水（潮）层与墙体、地漏、管道、门口等处结合严密，无渗漏 合格：表面平整度、标高、坡度（泛水）、厚度等70%及其以上检查点在允许偏差范围内 优良：90%及其以上检查点在允许偏差范围内
		整体楼、地面	保证项目： 各种面层的材质、强度（配合比）和密实度必须符合设计要求。面层与基层的结合必须牢固无空鼓（空鼓面积不大于 400cm²，无裂纹，且在一个检查范围内不多于 2 处者，可不计） 基本项目： （1）细石混凝土、混凝土、钢屑水泥和菱苦土面层 合格：表面密实压光，无明显裂纹、脱皮、麻面和起砂等缺陷 优良：表面密实光洁，无裂纹、脱皮、麻面和起砂等现象 （2）水泥砂浆面层 合格：表面无明显脱皮和起砂等缺陷；局部虽有少数细小收缩裂纹和轻微麻面，但其面积不大于 800cm²，且在一个检查范围内不多于 2 处 优良：表面洁净，无裂纹、脱皮、麻面和起砂等现象 （3）水磨石面层

续表

序号	部位	项目名称	质量要求
13	地面与楼面	整体楼、地面	合格：表面基本光滑，无明显裂纹和砂眼；石粒密实，分格条牢固 优良：表面光滑；无裂纹、砂眼和磨纹；石粒密实，显露均匀，颜色图案一致，不混色；分格条牢固、顺直和清晰 (4) 碎拼大理石面层 合格：颜色协调；无明显裂缝和坑洼 优良：颜色协调；间隙适宜；磨光一致，无裂缝、坑洼和磨纹 (5) 沥青混凝土、沥青砂浆面层 合格：表面密实，无裂缝 优良：表面密实，无裂缝、蜂窝等现象 (6) 地漏和供排除液体用的带有坡度的面层 合格：坡度满足排液要求，不倒泛水，无渗漏 优良：坡度符合设计要求，不倒泛水，无渗漏，无积水，地漏（管道）结合处严密平顺 踢脚线的质量（各种地面一致的要求） 合格：高度一致；与墙面结合牢固，局部空鼓长度不大于400mm，且在一个检查范围内不多于2处 优良：高度一致，出墙厚度均匀；与墙面结合牢固，局部空鼓长度不大于200mm，且在一个检查范围内不多于2处 楼地面镶边（各种地面的要求一致） 合格：各种面层邻接处的镶边用料及尺寸符合设计要求和施工规范规定 优良：各种面层邻接处的镶边用料及尺寸符合设计要求和施工规范规定；边角整齐光滑，不同颜色的邻接处不混色
		板块楼、地面	保证项目： 板块的品种、质量符合设计要求；面层与基层的结合必须牢固，无空鼓 （单块板块料边角有局部空鼓，且每个检查间不超过抽查总数的5%者，可不计） 基本项目： (1) 板块面层的表面质量 合格：色泽均匀，板块无裂纹、掉角和缺楞等缺陷 优良：表面洁净，图案清晰，色泽一致，接缝均匀，周边顺直，板块无裂纹、掉角和缺楞等现象 (2) 地漏和供排除液体用的带有坡度的面层 合格：坡度满足排除液体要求，不倒泛水，无渗漏 优良：坡度符合设计要求，不倒泛水，无积水，与地漏（管道）结合处严密牢固，无渗漏 (3) 踢脚线的铺设 合格：接缝平整，结合牢固 优良：表面洁净，接缝平整均匀，高度一致，结合牢固，出墙厚度适宜 (4) 楼、地面镶边 合格：面层邻接处的镶边用料及尺寸符合设计要求和施工规范规定 优良：面层邻接处的镶边用料及尺寸符合设计要求和施工规范规定；边角整齐、光滑

续表

序号	部位	项 目 名 称	质 量 要 求
13	地面与楼面	木质板楼、地面	保证项目： 木材材质和铺设时的含水率必须符合设计要求，木搁栅、毛地板和垫木须防腐处理，安装必须牢固、平直，在混凝土基层上铺设搁栅，其间距和固定方法必须符合设计要求。面层铺钉牢固无松动，粘结牢固无空鼓（空鼓面积不大于单块板块面积的1/8，且每1检查间不超过检查总数5%者，可不计） 基本项目： (1) 木质板面层表面质量 1) 木板和拼花木板面层 合格：面层刨平磨光，无明显刨痕、戗槎；图案清晰；清油面层颜色均匀 优良：面层刨平磨光，无刨痕、戗槎和毛刺等现象；图案清晰；清油面层颜色均匀一致 2) 硬质纤维板面层 合格：图案尺寸符合设计要求，板面无明显翘鼓 优良：图案尺寸符合设计要求，板面无翘鼓 (2) 木质板面层板间接缝 1) 木板面层 合格：缝隙基本严密，接头位置错开 优良：缝隙严密，接头位置错开，表面洁净 2) 拼花木板面层 合格：接缝对齐，粘、钉严密 优良：接缝对齐，粘、钉严密；缝隙宽度均匀一致；表面洁净，粘结无溢胶 3) 硬质纤维板面层 合格：接缝均匀，无明显高差 优良：接缝均匀，无明显高差；表面洁净，粘结面层无溢胶 (3) 踢脚线的铺设 合格：接缝基本严密 优良：接缝严密，表面光滑，高度、出墙厚度一致
14	楼梯、踏步		合格：相邻两步宽度和高度差不超过20mm；齿角基本整齐，防滑条顺直，板块面层缝隙宽度基本一致，相邻两步高差不超过15mm，防滑条顺直 优良：相邻两步宽度和高度差不超过10mm；齿角整齐，防滑条顺直；板块面层缝隙宽度一致，相邻两步高差不超过10mm，防滑条顺直
15	厕浴、阳台、泛水		合格：坡度满足排除液体要求，不倒泛水，无渗漏 优良：坡度符合设计要求，不倒泛水，无渗漏，无积水；与地漏（管道）结合处严密平顺

续表

序号	部位	项目名称	质量要求
16	抽气、垃圾道		合格：尺寸、位置、配件符合设计要求，不堵塞，基本平整、通顺，使用方便 优良：在合格的基础上，平整、通顺、美观、使用方便
17	细木、护栏		保证项目： 树种、材质等级、含水率和防腐处理符合设计要求，与基层必须镶钉牢固，无松动 基本项目： 合格：(1) 制作：尺寸正确，表面光滑，线条顺直 (2) 安装：安装位置正确，割角整齐，接缝严密 优良：(1) 制作：尺寸正确，表面平直光滑，楞角方正，线条顺直，不露钉帽，无戗槎、刨痕、毛刺、锤印等缺陷 (2) 安装：安装位置正确，割角整齐，交圈，接缝严密，平直通顺，与墙面紧贴、出墙尺寸一致
18 ～ 19	门窗安装	木门窗安装	合格：门窗框安装位置符合设计要求，安装牢固，固定点符合设计要求和施工规范的规定；与墙体间空隙（保温材料）基本填塞饱满；门窗扇安装裁口顺直，刨面平整，开关灵活，无倒翘；小五金安装齐全，位置适宜，槽边整齐，规格符合要求，木螺丝拧紧；门窗披水、盖口条、压缝条、密封条与门窗结合牢固严密，尺寸一致 优良：门窗框必须安装牢固，固定点符合设计要求和施工规范的规定；与墙体间空隙填塞饱满、均匀；门窗扇安装裁口顺直，刨面平整光滑，开关灵活、稳定，无回弹和倒翘；小五金安装齐全，规格符合要求，木螺钉拧紧卧平，插销关启灵活，位置适宜，槽深一致，边缘整齐，尺寸准确；门窗披水、盖口条、压缝条、密封条与门窗结合牢固严密，尺寸一致，平直光滑
		钢门窗安装	合格：钢门窗及其附件质量、安装位置及开启方向符合设计要求。钢门窗安装必须牢固，预埋铁件的数量、位置、埋设、连接方法必须符合设计要求。钢门窗扇关闭严密，开关灵活，无倒翘；附件齐全，安装牢固，启闭灵活适用；钢门窗框与墙体间缝隙填嵌饱满，填嵌材料符合设计要求 优良：钢门窗及其附件质量、安装位置及开启方向符合设计要求。钢门窗安装必须牢固；预埋铁件的数量、位置、埋设连接方法必须符合设计要求。钢门窗扇关闭严密，开关灵活，无阻滞、回弹和倒翘，附件齐全，位置正确，安装牢固、端正，启闭灵活适用；钢门窗框与墙体间缝隙填嵌饱满密实，表面平整，嵌填材料、方法符合设计要求

续表

序号	部位	项目名称	质量要求
18~19	门窗安装	铝合金门窗安装	保证项目： 铝合金门窗及其附件质量必须符合设计要求和有关标准的规定；铝合金门窗安装的位置、开启方向，必须符合设计要求；铝合金门窗框安装必须牢固；预埋件的数量、位置、埋设连接方法及防腐处理必须符合设计要求 基本项目： （1）平开门窗扇 合格：关闭严密，间隙基本均匀，开关灵活 优良：关闭严密，间隙均匀，开关灵活 （2）推拉门窗扇 合格：关闭严密，间隙基本均匀，扇与框搭接量不小于设计要求的80% 优良：关闭严密，间隙均匀，扇与框搭接量符合设计要求 （3）弹簧门扇 合格：自动定位准确，开启角度为90°±3°，关闭时间在3～15s范围之内 优良：自动定位准确，开启角度为90°±1.5°，关闭时间在6～10s范围之内 铝合金门窗附件安装 合格：附件齐全，安装牢固，灵活适用，达到各自的功能 优良：附件齐全，安装位置正确、牢固、灵活适用，达到各自的功能，端正美观 铝合金门窗框与墙体间缝隙填嵌质量 合格：填嵌饱满，填塞材料符合设计要求 优良：填嵌饱满密实，表面平整、光滑、无裂缝、填塞材料、方法符合设计要求 铝合金门窗外观质量 合格：表面洁净，大面无划痕、碰伤、锈蚀，涂胶大面光滑，无气孔 优良：表面洁净，无划痕、碰伤，无锈蚀；涂胶表面光滑、平整、厚度均匀，无气孔
20	玻璃	玻璃	合格：玻璃裁割尺寸正确，安装必须平整、牢固，无松动现象；底灰饱满，油灰与玻璃、裁口粘结牢固，边缘与裁口齐平；固定玻璃的钉子或钢丝卡的数量符合施工规范的规定，规格符合要求；木压条与裁口边缘紧贴，割角整齐；橡皮垫与裁口、玻璃及压条紧贴；玻璃砖安装排列位置正确，嵌缝密实；彩色、压花玻璃颜色、图案符合设计要求；玻璃安装后表面无明显斑污；安装朝向正确 优良：玻璃裁割尺寸正确，安装必须平整、牢固，无松动现象；底灰饱满，油灰与玻璃、裁口粘结牢固，边缘与裁口齐平，四角成八字形，表面光滑，无裂缝、麻面和皱皮；固定玻璃的钉子或钢丝卡的数量符合施工规范的规定，规格符合要求；并不在油灰表面显露；木压条与裁口边缘紧贴齐平，割角整齐，连接紧密，不露钉帽；橡皮垫与裁口、玻璃及压条紧贴，整齐一致；玻璃砖安装排列位置正确、均匀整齐，嵌缝饱满密实，接缝均匀、平直；彩色、压花玻璃颜色、图案符合设计要求，接缝吻合；玻璃安装后表面洁净，无油灰、浆水、油漆等斑污；安装朝向正确

续表

序号	部位	项目名称	质量要求
21	油漆	混色油漆	在严禁脱皮、漏刷和反锈基础上分合格与优良两个等级 (1) 普通油漆 合格：大面有轻微流坠、透底和皱皮；大面光亮；大面无分色裹楞；装饰线、分色线偏差不大于 3mm；大面颜色均匀；五金、玻璃基本洁净 优良：大面无流坠、透底、皱皮；大面光亮、光滑；大面无分色裹楞现象、小面偏差不大于 2mm；装饰线、分色线偏差不大于 2mm；颜色刷纹均匀；五金、玻璃洁净 (2) 中级油漆 合格：大面无透底、流坠、皱皮；大面光亮、光滑；大面无分色裹楞，小面不大于 2mm；分色线平直（偏差不大于 2mm）；大面颜色一致，刷纹通顺；五金、玻璃基本洁净 优良：合格基础上，小面明显处无透底、流坠、皱皮；小面光亮、光滑、装饰线、分色线偏差不大于 1mm，颜色均匀一致通顺；五金、玻璃洁净 (3) 高级油漆 合格：大面及小面明显处无透底、流坠、皱皮；光亮均匀一致，光滑无挡手感；分色裹楞大面无，小面允许偏差 1mm；装饰线、分色线平直偏差不大于 1mm；颜色一致，刷纹通顺；五金洁净、玻璃基本洁净 优良：大小面均无透底、流坠、皱皮；光亮足，光滑无挡手感；大小面均无分色、裹楞现象；装饰线、分色线平直；颜色一致，无刷纹；五金、玻璃洁净
		清色油漆	在严禁脱皮、漏刷和斑迹的基础上分合格与优良两个等级 (1) 中级油漆 合格：木纹清楚；光亮、光滑；大面无裹楞、流坠、皱皮；大面颜色基本一致；五金玻璃基本洁净 优良：在合格基础上，棕眼刮平；光亮足；小面明显处无裹楞、流坠、皱皮，无刷纹，五金、玻璃洁净 (2) 高级油漆 合格：棕眼刮平，木纹清楚；光亮柔和，光滑；大面及小面明显处无裹楞、流坠、皱皮；颜色基本一致，无刷纹；五金洁净，玻璃基本洁净 优良：在合格基础上，光滑无挡手感；大小面均无裹楞、流坠、皱皮；颜色一致，无刷纹；五金、玻璃洁净

续表

序号	部位	项目名称	质量要求
21	油漆	美术油漆	在图案、颜色和所用材料的品种必须符合设计和选定样品的要求；底层油漆的质量必须符合相应等级的有关规定的基础上分合格与优良两个等级 合格：无明显漏涂、斑污、流坠、接槎；具有被摹仿材料的纹理；鸡皮皱的起粒和拉毛的大小花纹分布均匀；图案无位移；颜色均匀，全长歪斜不大于2～3mm 优良：在合格的基础上；图案颜色鲜明，轮廓清晰；摹仿的纹理逼真；不显接槎，无起皮和裂纹；纹理和轮廓清晰，搭接错位不大于0.5mm；全长歪斜不大于1～2mm
22	室内给排水	管道坡度、接口、支架、管件	室内给水工程 各系统试压结果，压力符合设计要求，无渗漏。管道必须清洗，管道及支架（墩）不在冻土及朽土上 （1）管道坡度 合格：坡度的正负偏差不超过设计要求坡度值的1/3，安装横平竖直，距墙、标高基本符合规定 优良：坡度符合设计要求，并均匀一致，距墙、标高符合规定 （2）管道接口 1）丝接 合格：管螺纹加工精度符合国际《管螺纹》的规定，螺纹清洁，规整，断丝或缺丝不大于螺纹全扣丝的10%。连接牢固，根部有外露螺纹，使用管件正确，镀锌管无焊接口 优良：在合格的基础上，螺纹无断丝；镀锌管和管件的镀锌层无破损，外露螺纹防腐良好且无外露油麻等缺陷 2）法兰接 合格：对接平行、紧密，与管子中心线垂直，螺杆露出螺母；衬垫材质符合设计要求和施工规范规定且无双层，法兰型号符合要求 优良：在合格的基础上，螺母在同侧，螺杆露出螺母长度一致，且不大于螺杆直径的1/2。 3）焊接 合格：焊口平直度、焊缝加强面符合施工规范规定；焊口表面无烧穿、裂纹和明显的结瘤、夹渣及气孔等缺陷 优良：在合格的基础上，焊波均匀一致，焊缝表面无结瘤、夹渣和气孔 4）承插、套箍 合格：接口结构和所用填料符合设计要求和施工规范规定；灰口密实、饱满，填料凹入承口边缘不大于2mm，胶圈接口平直无扭曲；对口间隙准确，使用管件正确 优良：在合格的基础上，环缝间隙均匀，灰口平整、光滑，养护良好，胶圈接口回弹间隙符合施工规范规定 （3）管道支架 合格：构造正确，埋设平正牢固，位置合理，标高间距符合规定。油漆种类和涂刷遍数符合设计要求；附着良好，无脱皮、起泡和漏涂

续表

序号	部位	项目名称	质量要求
			优良：在合格的基础上，排列整齐，支架与管子接触紧密漆膜厚度均匀，色泽一致，无流淌及污染现象
22	室内给排水	管道坡度、接口、支架、管件	室内排水工程 各系统管道的灌水试验结果符合设计要求，无渗漏 (1) 管道的坡度 坡度必须符合设计要求或施工规范规定，在此基础上分为合格与优良两个等级 合格：坡度正确，距墙、标高基本符合要求，安装顺直 优良：在合格的基础上，坡度均匀一致，距墙、标高符合要求 (2) 接口管件 见室内给水工程（2），其中4）的凹入承口边缘在此应不大于5mm。排水塑料管必须安装伸缩节，其间距不大于4m (3) 管道支架 见室内给水工程（3） (4) 管道、箱类和金属支架涂漆见室内给水工程（4）
23	室内给排水	卫生器具、支架、阀门、配件	(1) 卫生器具（支架）安装 合格：木砖和支、托架防腐良好，埋设平正牢固，器具放置平稳，排水管径及出口连接牢固、严密不漏，位置、标高基本正确，排水坡度符合要求 优良：在合格的基础上，器具洁净、支架与器具接触紧密。位置、标高正确，成排器具排列整齐，标高一致。排水栓低于盆、槽底面2mm，低于地表面5mm (2) 阀门 合格：型号、规格符合设计要求，耐压强度和严密性试验结果符合规范规定，位置进出口方向正确，连接紧密牢固 优良：在合格的基础上，启闭灵活，朝向合理，表面洁净 (3) 配件（包括、饮水器、水表、消火栓、喷头及水龙头、角阀等） 合格：安装位置、标高符合规定，进出口方向、朝向正确，镀铬件等成品保护良好，接口紧密，启闭部分灵活，消防箱油漆完整，标志清晰正确 优良：在合格的基础上，安装端正，表面洁净，接口无外露麻丝，消防栓的水龙带与消防栓和快速接头的绑扎紧密，并卷折挂在托盘或支架上

续表

序号	部位	项 目 名 称	质 量 要 求
24	室内给排水	检查口、扫除口、地漏	(1) 检查口 合格：设置数量必须符合规定，高度、朝向基本满足使用功能的要求，封盖严密无渗漏，标高允许偏差＋150mm，－100mm 优良：在合格的基础上，标高朝向方便使用 (2) 扫除口 合格：设置数量符合规定，位置基本符合规定，封堵严密无渗漏 优良：在合格的基础上，位置符合规定，方便使用，地面扫除口与地面齐平 (3) 地漏 合格：平正、牢固、低于排水表面，无渗漏 优良：在合格的基础上，排水栓低于盆、槽底表面 2mm，低于地表面 5mm；地漏低于安装处排水表面 5mm。周边整齐、平整
25	室内采暖	管道坡度、接口、支架、弯管	(1) 管道坡度 合格：坡度的正负偏差不超过设计要求坡度值的 1/3 优良：坡度符合设计要求 (2) 接口 同室内给水工程的管道接口 (3) 支架 合格：构造正确，埋设牢固平正 优良：在合格的基础上，排列整齐，支架与管子接触紧密 (4) 弯管 合格：弯曲半径、弯曲角度正确，椭圆率，折皱不平度符合规定 优良：在合格的基础上，弯曲度均匀，部位准确，与管道坡度一致
26		散热器及支架	(1) 散热器（暖风机、辐射板、铸铁及钢制散热器等） 铸铁翼型散热器安装 合格：水压试验必须符合要求，安装牢固位置正确，接口严密，无渗漏。长翼型：顶部掉翼不超过 1 个，长度不大于 50mm；侧面不超过 2 个，累计长度不大于 200mm；圆翼型：每根掉翼数不超过 2 个，累计长度不大于一个翼片周长的 1/2 优良：在合格的基础上，距墙一致，表面洁净，无掉翼 钢串片散热器肋片安装 合格：水压试验符合要求，安装牢固，位置正确，接口严密，无渗漏。松动肋片不超过肋片总数的 2% 优良：在合格的基础上，距墙一致，多排的排列整齐，肋片整齐无翘曲 (2) 支架 合格：数量和构造符合设计要求和施工规范规定，位置正确，埋设平正牢固，涂漆符合管道油漆的合格要求 优良：在合格的基础上，排列整齐，与散热器接触紧密，涂漆符合管道油漆的优良要求

续表

序号	部位	项目名称	质量要求
27	室内采暖	伸缩器、膨胀水箱	（1）伸缩器 合格：伸缩器和固定支架的安装位置必须符合设计要求，并应按有关规定进行预拉伸；椭圆率符合规定 优良：在合格的基础上，弯曲半径对称均匀，与管道坡度一致 （2）膨胀水箱支架或底座 合格：水箱、水箱支架或底座尺寸及位置符合设计要求，埋设平正牢固。油漆种类和涂刷遍数符合设计要求，附着良好，无脱皮、起泡和漏涂 优良：在合格的基础上，水箱和支架接触紧密。漆膜厚度均匀，色泽一致，无流淌及污染现象
28		管道坡度、接口、支架	（1）管道坡度 必须符合设计要求 （2）管道接口 管道接口的耐压强度同室内给水工程的管道接口 （3）管道支架 同室内给水工程的管道支架
29	室内煤气	煤气管与其他管距离	煤气引入管和室内煤气管道与其他各类管道、电力电缆、电线和电气开关等的最小水平、垂直和交叉净距，必须符合设计要求和标准规定。埋地煤气管与给排水、供热管沟、电力电缆、通讯电缆间水平距离不小于1m；垂直距离给排水管、供热管沟、在导管内的电线不小于150mm；直接埋的电缆不小于600mm。在室内与给排水、采暖、热水管道间距同一平面不小于50mm，不同平面不小于10mm。与电线的间距同一平面不小50mm，不同平面不小于20mm。与配电箱盘的距离不小于300mm，与电气开关和接头的距离不小于150mm
30		煤气表、阀门	（1）煤气表 合格：坐标、标高、距灶具距离及进出管位置符合要求。附件齐全，表面不脱漆，固定牢固平正 优良：在合格的基础上，读数方便，表体清洁无污染 （2）阀门 合格：型号、规格、耐压强度和严密性试验结果符合设计要求；位置、进出口方向正确，连接牢固紧密 优良：在合格的基础上，启闭灵活，朝向合理，表面洁净
		各管道的套管	合格：加设套管构造正确，固定牢固，管口齐平 优良：在合格基础上，穿楼板套管，顶部高出地面不少于20mm，底部与顶棚齐平，墙套管两端与饰面平，环缝均匀，周围补洞平整，无裂纹

续表

序号	部位	项目名称	质量要求
31	室内电气安装	线路敷设	(1) 配管及管内穿线工程 导线间和导线对地间的绝缘电阻值大于 0.5MΩ 合格：管子敷设连接紧密，管口光滑、护口齐全，明配管及其支架平直牢固，排列整齐，管子弯曲处无明显折皱，油漆防腐完整；暗配管保护层大于 15mm；盒（箱）设置正确，固定可靠，管子进入盒（箱）处顺直，在盒（箱）内露出的长度小于 5mm；用锁紧螺母（纳子）固定的管口，管子露出锁紧螺母的螺纹为 2～4 扣；穿过变形缝处有补偿装置，补偿装置能活动自如；穿过建筑物和设备基础处加套保护管；在盒（箱）内导线有适当余量；导线在管子内无接头；不进入盒（箱）的垂直管子的上口穿线后密封处理良好；导线连接牢固，包扎严密，绝缘良好，不伤芯线。接地支线连接紧密、牢固，接地（接零）线截面选用正确。需防腐的部分涂漆均匀无遗漏 优良：在合格的基础上，线路进入电气设备和器具的管口位置正确；补偿装置平整，管口光滑，护口牢固，与管子连接可靠；加套的保护管在隐蔽工程记录中标示正确；盒（箱）内清洁无杂物，导线整齐，护线套（护口、护线套管）齐全，不脱落，接地支线走向合理，色标准确，刷漆后不污染建筑物 (2) 瓷夹、瓷柱（珠）及瓷瓶配线工程 合格：导线严禁有扭绞、死弯和绝缘层损坏等缺陷。瓷件及其支架安装牢固，瓷件无损坏，瓷瓶不倒装，导线或瓷件固定点的间距正确，支架油漆完整，导线敷设平直、整齐，与瓷件固定可靠；穿过梁、墙、楼板和跨越线路等处有保护管；跨越建筑物变形缝的导线两端固定可靠，并留有适当余量；导线连接牢固，包扎严密，绝缘良好，不伤芯线；导线接头不受拉力 优良：在合格基础上，瓷件排列整齐，间距均匀，表面清洁；导线进入电气器具处绝缘处理良好；转弯和分支处整齐 (3) 护套线配线工程 合格：导线严禁有扭绞、死弯、绝缘层损坏和护套断裂等缺陷。塑料护套线严禁直接埋入抹灰层。护套线敷设应平直、整齐，固定可靠；穿过梁、墙、楼板和跨越线路等处有保护管；跨越建筑物变形缝的导线两端固定可靠，并留有适当余量；护套线的连接牢固，包扎严密，绝缘良好，不伤芯线；接头设在接线盒或电气器具内；板孔内无接头；导线横平竖直 优良：在合格的基础上，导线明敷部分紧贴建筑物表面；多根平行敷设间距一致，分支和弯头处整齐；接线盒位置正确，盒盖齐全平整，导线进入接线盒或电气器具时留有适当余量 (4) 槽板配线工程 合格：槽板敷设应紧贴建筑物表面，固定可靠，横平竖直，直线段的盖板接口与底板接口错开，其间距不小于 100mm，盖板锯成斜口对接；木槽板无劈裂，塑料槽板无扭曲变形；槽板线路穿过梁、墙和楼板有保护管；跨越建筑物变形缝处槽板断开，导线加套保护软管并留有适当余量，保护软管与槽板结合严密；导线连接牢固，包扎严密，绝缘良好，不伤芯线，槽板内无接头

续表

序号	部位	项目名称	质量要求
31	室内电气安装	线路敷设	优良：在合格的基础上，槽板沿建筑物表面布置合理，盖板无翘角；分支接头做成丁字三角叉接，接口严密整齐；槽板表面色泽均匀无污染；线路与电气器具、木台连接严密，导线无裸露现象；接头设在器具或接线盒内 (5) 配线用钢索工程 合格：终端拉环必须固定牢靠，拉紧调节装置齐全，索端头用专用金属卡具，数量不少于2个。钢索的中间固定点间距不大于12m；吊钩可靠地托住钢索，吊杆或其他支持点受力正常；吊杆不歪斜，油漆完整；接地支线连接牢固、紧密，接地线截面选用正确，需防腐的部分涂漆均匀无遗漏 优良：在合格的基础上，吊点均匀，钢索表面整洁，镀锌钢索无锈蚀，塑料护套钢索的护套完好。固定点间距相同，钢索的弛度一致。接地线路走向合理，色标准确，涂刷后不污染设备和建筑物
32		配电箱（盘、板）	合格：配电箱（盘、板）安装应位置正确，部件齐全，箱体开孔合适，切口整齐；暗式配电箱箱盖紧贴墙面；零线经汇流排（零线端子）连接，无绞接现象；箱体（盘、板）油漆完整。接地（接零）支线连接紧密、牢固，接地（接零）线截面选用正确，防腐良好 优良：在合格的基础上，箱体内外清洁，箱盖开闭灵活，箱内结线整齐，回路编号齐全、正确；管子与箱体连接有专用锁紧螺母。接地线路走向合理，色标准确；涂刷后不污染设备和建筑物
33		照明器具	合格：大（重）型灯具用的吊钩、预埋件必须埋设牢固。器具及其支架牢固端正，位置正确，有木台的安装在木台中心；暗插座、暗开关的盖板紧贴墙面，四周无缝隙。工厂罩弯管灯、防爆弯管灯的吊攀齐全，固定可靠；电铃、光学号牌等讯响显示装置部件完整，动作正确，讯响显示清晰。灯具及其控制开关工作正常，安全和接地可靠 优良：在合格的基础上，器具表面清洁，灯具内外干净明亮，吊杆垂直，双链平行
34		开关、插座	合格：明装平正牢固，居木台中心，油漆完整；暗开关、暗插座的盖板紧贴墙面，四周无缝隙，位置正确，高度一致，接线正确，开关切断相线，螺口灯头相线接在中心触点的端子上；同样用途的三相插座接线，相序排列一致；单相插座的接线，面对插座，右极接相线；左极接零线；单相三孔、三相四孔插座的接地（接零）线接在正上方；插座的接地（接零）线单独敷设，不与工作零线混同 优良：在合格的基础上，内外清洁，板面端正。成排的高度一致，排列整齐

续表

序号	部位	项目名称	质量要求
35	室内电气安装	防雷、动力	合格：避雷针（网）安装必须符合设计要求，位置正确，固定牢靠，防腐良好；针体垂直，避雷网规格尺寸和弯曲半径正确；避雷针及支持件的制作质量符合设计要求。设有标志灯的避雷针，灯具完整，显示清晰；接地（接零）线敷设应平直、牢固，固定点间距均匀，跨越建筑物变形缝有补偿装置，穿墙有保护管，油漆防腐完整；防雷接地引下线的保护管固定牢靠，断线卡设置便于检测，接触面镀锌或镀锡完整，螺栓等紧固件齐全 优良：在合格的基础上，避雷网支持件间距均匀；避雷针针体垂直度偏差不大于顶端针杆的直径，防腐均匀，无污染建筑物
36	通风	风管、支架	（1）金属风管 合格：风管的规格、尺寸符合设计尺寸规格，咬缝紧密、宽度均匀，无孔洞、半咬口和胀裂缺陷，直管纵向咬缝错开；焊缝严禁烧穿、漏焊和裂缝等缺陷，纵向焊缝必须错开。风管折角平直，圆弧均匀，两端面平行，无明显翘角，表面凹凸不大于10mm；风管与法兰连接牢固，翻边基本平整，宽度不小于6mm，紧贴法兰；有凝结水、湿空气的底部接缝风管要有坡度和密封处理。法兰的孔距符合设计要求和施工规范的规定，焊接牢固，焊缝处不设置螺孔；风管加固牢固可靠；不锈钢板和铝板风管表面无明显刻痕，复合钢板风管表面无破损。铝管的法兰接连螺栓镀锌，并在两侧加镀锌垫圈 优良：在合格的基础上，无翘角，表面凹凸不大于5mm；翻边平整；螺孔具备互换性；风管加固应牢固可靠、整齐、间距适宜、均匀对称；不锈钢板和铝板风管表面无刻痕、划痕、凹穴等缺陷，复合钢板风管表面无损伤 （2）硬聚氯乙烯风管 合格：风管规格尺寸符合设计要求，焊缝的坡口形式和焊接质量符合施工规范规定，焊缝无裂纹、焦黄、断裂等缺陷，纵向焊缝错开。风管表面基本平整，圆弧均匀，拼缝处无明显凹凸，两端面平行，无明显扭曲和翘角，焊缝饱满，风管加固牢固可靠 优良：在合格的基础上，表面平整，凹凸不大于5mm，拼缝处无凹凸，两端面平行，无扭曲和翘角，焊条排列整齐；加固整齐美观，风管与法兰连接处的三角支撑间距适宜，均匀对称 （3）洁净系统的风管 合格：风管、配件、部件和静压箱的所有接缝必须严密不漏。风管内表面必须平整光滑，严禁有横向拼接缝和管内设加固或采用凸棱加固的方法；阀门的活动、固定件、拉杆等零件用碳素钢加工时必须做镀锌处理，轴与阀体连接处的缝隙必须密封。风管连接严密不漏，法兰、柔性短管的垫料及接头方法符合设计要求。管内壁清洁，无浮尘、油污、锈蚀及杂物等 优良：在合格基础上，整齐美观，使用方便灵活 （4）支架

续表

序号	部位	项目名称	质量要求
36	通风	风管、支架	合格：支、吊、托架的形式、规格、埋设位置、间距符合设计要求，埋设牢固、平整、砂浆饱满；支架严禁设在风口、阀门及检视门处，与管道间的衬垫合理。不锈钢板、铝板风管用碳素钢支架时，需进行防腐绝缘及隔绝处理。油漆颜色符合设计要求，无漏涂 优良：在合格的基础上，支架与管道接触紧密，吊杆垂直，横杆水平，固定处与墙齐平，不突出墙面。防腐（油漆）颜色一致，整齐美观，不污染管道、设备及支撑面
37		风口、风阀、罩	(1) 风口 合格：风口尺寸、规格符合设计要求，格、孔、片、扩散圈间距一致，边框、叶片平直整齐。安装位置正确，外露部分平整 优良：在合格的基础上，同一房间内标高一致，排列整齐，外露部分平整、外形光滑、美观 (2) 风阀 合格：风阀规格、尺寸符合设计要求；防火阀必须关闭严密，转动部分采用耐腐蚀材料，外壳、阀板的材料厚度严禁小于2mm。组合件尺寸正确，叶片与外壳无碰擦。有启闭标记。多叶阀叶片贴合、搭接一致，轴距偏差不大于2mm。安装牢固，位置、标高和方向正确，操作方便。防火阀检查孔位置便于操作。斜插板阀垂直安装时，阀板必须向上拉启；水平安装时，阀板顺气流方向插入 优良：在合格的基础上，阀板与手柄方向一致，启闭方向及标记明确，多叶阀轴距偏差不大于1mm (3) 罩 合格：罩规格、尺寸符合设计要求；安装位置正确，连接牢固，活动件灵活可靠；罩口尺寸偏差每米不大于4mm，油漆品种、遍数、标记符合设计要求 优良：在合格的基础上，罩口尺寸偏差每米不大于2mm，无尖锐的边缘；安装排列整齐。油漆光滑均匀，颜色一致，清晰、美观
38		风机	合格：风机叶轮严禁与壳体碰擦，散装风机进风斗与叶轮的间隙必须均匀并符合技术要求。地脚螺栓必须拧紧，并有防松装置；垫铁放置位置必须正确、接触紧密，每组不超过3块；试运转时叶轮旋转方向必须正确；试运转滑动（滚动）轴升温不超过70℃（80℃）。风机安装的允许偏差符合有关规定 优良：在合格的基础上，保护良好，无损伤，成排安装排列整齐、美观；试运转滑动（滚动）轴承升温不超过35℃（40℃）

续表

序号	部位	项目名称	质量要求
39	空调	风管、支架	风管、支架同36项通风的风管及支架要求。除按其检查外，还应按下列要求检查 (1) 风管保温 合格：保温材料的材质、规格及防火性能符合设计要求，电加热器及其前后800mm范围内隔热材料必须用非燃烧材料。水管、风管与空调设备的接头处以及易产生凝结水的部位，必须保温良好，严密无空隙 隔热层：粘贴隔热层粘贴牢固，拼缝用粘结材填嵌饱满、密实。卷、散材隔热层，紧贴表面，包扎牢固，散材无外露 保护层：玻璃布、塑料布保护层松紧适度，搭接基本均匀。油毡保护层搭接顺水流方向，沥青粘结封口严密，不渗水，间断捆扎牢固。薄金属板保护层，搭接顺水流方向，宽度适宜，接口平整，固定牢靠。油漆涂层遍数，漆的品种、标记符合设计要求，漆膜附着牢固、光滑均匀 优良：在合格的基础上，隔热层：粘结隔热层，拼缝均匀，平整一致，纵向缝错开。卷、散材隔热层，包扎松紧适度，表面平顺一致。保护层：玻璃布、塑料布搭接宽度均匀，平整美观。油毡保护层搭接宽度适宜，外形整齐美观。薄金属板，搭接宽度均匀，外形美观。油漆颜色一致，无皱纹等 (2) 支架 同36项内容检查
40		风口、风阀	风口、风阀同37项通风的风口、风阀要求，按其内容检查
41		空气处理室、机组	(1) 空气处理室 合格：处理板壁拼接顺水流方向，喷淋段的水池严禁渗漏；挡水板保持一定的水封，分层组装的挡水板，每层都有排水装置；分段组装连接严密；热交换器水压试验合格，管路无堵塞，散热面完整无损坏。风机盘管、诱导管与出、进水管连接无渗漏，与风口及回风室连接严密。高效过滤器安装方向正确，波纹板过滤器竖向安装时，波纹板垂直地面，过滤器与框架之间连接严密，无渗漏、变形、破损和漏胶等现象。洁净系统过滤器室等安装后，保证室内壁清洁，无浮尘、油污、锈蚀、杂物等。挡水板折角及间距符合设计要求，折线平直，间距偏差不大于2mm，与处理室板壁接触处设泛水，框架牢固；喷嘴的排列及方向正确，间距偏差不大于10mm；密闭检视门及门框平正、牢固，无滴漏、开关无明显滞涩；凝结水的引流管（槽）畅通；表面式热交换器的框架平正、牢固；安装平稳，热交换器之间和热交换器与围护结构四周无明显缝隙；空气过滤器安装平正、牢固；过滤器与框架、框架与围护结构之间无明显缝隙；窗台式空调器固定牢固，遮阳、防雨措施不阻挡冷凝器排风；凝结水盘应有坡度，与四周缝隙封闭

续表

序号	部位	项目名称	质量要求
41	空调	空气处理室、机组	优良：在合格的基础上，框架平正；间距偏差不大于5mm；无渗漏，开关灵活；热交换器之间和热交换器与围护结构四周缝隙封严；空气过滤器与框架、框架与围护结构之间缝隙封严，过滤器便于拆卸；窗台式空调器安装正面横平竖直，与四周缝隙封严，与室内协调美观 （2）机组（包括消声器、除尘器、通风机、空气压缩机及制冷管道等的安装情况） 1）消声器 合格：型号、尺寸、安装气流方向符合设计要求，框架牢固，共振腔的隔板尺寸正确，隔板与壁板结合处紧贴，外壳严密不渗漏；消声片单体安装固定端牢固，片距均匀；单独设置支、吊架。消声材料敷设，片状材料粘贴牢固，基本平整，散状材充填基本均匀，无明显下沉；消声材覆面，覆面材顺气流方向拼接，无损坏，穿孔板无毛刺，孔距排列基本均匀 优良：在合格基础上，消声材料，片状材粘贴平整，散状材充填均匀，无下沉；覆面材拼装整齐，孔距排列均匀。油漆防腐处理良好 2）除尘器 合格：规格、尺寸符合设计要求，双级蜗旋除尘器的叶片方向正确，旁路分离室的泄灰口光滑无毛刺；旋筒式水膜除尘器的外筒内壁严禁有突出的横向接缝；湿式除尘器的水管连接处和存水部位不漏，排水部位畅通。除尘器内表面平整，无明显凹凸，圆弧均匀，拼缝错开，焊缝表面无裂纹、夹渣、明显砂眼、气孔等缺陷。活动或转动部件灵活无明显滞涩 优良：在合格的基础上，内表面平整，无凹凸；活动或转动部件灵活可靠，松紧适度 3）通风机 同38项的要求，按其内容检查 4）制冷管道 合格：管道、管件、支架与阀门的型号、规格、材质及工作压力，以及管道系统的工艺流向、坡度标高符合设计要求。管道内壁清洁、干燥，阀门进行清洁。焊缝与热影响区严禁有裂纹，焊缝表面无夹渣、气孔等缺陷，氨系统管道焊口按《工业管道工程施工及验收规范》（GBJ235—82）规定检查。接压缩机的吸、排气管道单独设支架，无强制对口连接。管道系统吹污、气密性试验、真空度试验符合施工规范规定 穿过墙、楼板设金属套管，固定牢靠，长度适宜，套管内无管道焊缝、法兰及螺纹接口，套管与管道周围空隙，用隔热不燃材料填塞。支、吊、托架及阀门安装同室内给排水，按其合格标准检查 优良：在合格基础上，穿墙套管与墙齐平，穿楼板套管下边与楼板齐平，上边高出楼板20mm；套管与管道四周间隙均匀。支、吊、托架及阀门达到优良标准

续表

序号	部位	项目名称	质量要求
42	电梯	运行、平层、开关门	(1) 运行要达到下列要求 1) 电梯起动、运行和停止，轿厢内无较大的震动和冲击，制动器可靠 2) 运行控制功能达到设计要求，指令、召唤、定向、程序转换、开车、截车、停车、平层等准确无误，声光信号显示清晰，正确 3) 减速器油的温升不超过60℃，且最高温度不超过85℃ 4) 超载试验电梯能安全起动、运行、停止；曳引机工作正常 5) 安全钳试验，空厢以检修速度下降能安全钳动作，电梯能可靠地停止，动作后能正常恢复 (2) 开关门 合格：门扇平整，启闭时无摆动、撞击和阻滞现象。中分式门关闭时上下部同时合拢 优良：门扇平整、洁净、无损伤。启闭轻快平稳。中分式门关闭时上下部同时合拢，门缝一致 (3) 平层 电梯准确平层。甲类梯±5mm；乙类梯±15～30mm (1.5、1.75m/s为±15mm；0.57、1m/s为±30mm)；丙类梯±15mm 试验数次，80%在允许偏差范围内为合格；90%在允许偏差范围内为优良
43		层门、信号系统	合格：层门指示灯盒，召唤盒安装位置正确，使用方便，其面板与墙面贴实，横竖端正 优良：在合格的基础上，排列整齐，清洁美观
44		机　　房	合格：电梯电源单独敷设，电气设备、配线的绝缘电阻值大于0.5MΩ；保护接地、接零系统良好；电线管、槽、箱、盒连接牢固，接触良好，绝缘可靠，标志清楚，无遗漏，随行电缆绑扎牢固，排列整齐，无扭曲，在极限状态不受力，不拖地。配电柜、控制屏等布置合理，横竖端正 优良：在合格的基础上，整齐美观

第三节　单位工程观感质量评定方法

单位工程观感质量评定，应先由施工企业技术负责人组织企业有关部门人员进行自评，这是企业质检的一个重要内容。具体评定步骤和方法如下：

一、子项、标准分及具体抽查处（间）的确定

具体检查前，应根据本章第一节所述内容要求，确定表列项目含有子项时的标准分再分配；同时，根据“抽查数量的确定及抽样方法”的要求在施工图上标示出具体抽查处（间）的位置，以供检查。

二、质量等级

评定每个抽查处（间）的质量等级，必须以相应分项工程标准的规定为依据（见本章第二节内容）。参评的有关人员应对表列项目的范围、内容先行明确，再结合相应标准的项目、等级标准规定进行评定。

三、记录方法

现场实测所得每个抽查处（间）的质量情况，是单位工程观感质量评定的原始资料，必须详细记录、妥善保存，便于查对。一般采用在各检查处（间）以“✓”为优良、“○”为合格、“×”为不合格的形式在评定表中加以记录。如遇某处（间）检查为不合格时，应详细记录其不合格的部位、原因，便于处理（检查记录格式见表 4-3）。

单位工程观感质量评定表 **表 4-3**

工程名称：×××工程　　施工单位：××公司××分公司×队

序号	项目名称			标准分	标准分再分配	质量情况 1	2	3	4	5	6	7	8	9	10	评定等级得分 一级 100%	二级 90%	三级 80%	四级 70%	五级 0	备注
1	建筑工程	室外墙面	面　砖	10	5	✓	○	○	✓	✓	✓	○	○	✓	○		4.5				
			水刷石		3	○	○	✓	○	○	✓	✓	○	○	✓			2.4			
			花岗岩		2	✓	○	✓									1.8				
2		室外大角		2	2	✓	○	○	✓								1.8				
3		外墙面横竖线角		3	3	○	○	✓	○	✓	✓	○	○	✓	○			2.4			
4		散水、台阶、明沟		2	2	○	✓	○	○	✓	○							1.6			
5		滴水槽（线）		1	1	○	○	○	○	○	○	✓	✓	✓	○			0.8			
6		缝管	变形缝	2	1	○	○												0.7		
			水落管		1	○	✓	○	○									0.8			
7		屋面坡向		2	2	○	○	✓	✓	○	✓						1.8				
8		屋面防水层		3	3	○	○	○	✓	○	✓	✓	○					2.4			
9		屋面细部		3	3	○	○	○	○	○	○								2.1		
10		屋面保护层		1	1	○	○	✓	○	○	✓	○	✓					0.8			
11		室内顶棚	石膏板	4(5)	1	✓	○	✓	✓	○	○						0.9				
			涂料		2	○	✓	○	○	○	✓	○	✓	✓	○			1.6			
			抹灰		2	✓	○	○	○	✓	✓	○	○	✓	✓		1.8				
12		室内墙面	抹灰	10	3	○	✓	○	○	✓	✓	✓	○	○	○			2.4			
			涂料		3	✓	○	○	✓	○	○	✓	○	○	○			2.4			
			墙纸		2	○	○	○	○	○	○								1.4		
			瓷砖		2	○	✓	○	○	✓	○	✓	○	○	✓			1.6			
13		地面与楼面	水磨石	10	3	○	✓	○	○	✓	✓						2.7				
			豆　石		3	○	✓	✓	○	○	○	○	✓	✓	✓		2.7				
			马赛克		2	○	○	○	✓	○	○	✓	○	○	○			1.6			
			踢脚线		2	○	○	✓	○	○	✓	✓	○	✓	✓		1.8				

续表

序号	项目名称		标准分	标准分再分配	质量情况										评定等级得分					备注
					1	2	3	4	5	6	7	8	9	10	一级 100%	二级 90%	三级 80%	四级 70%	五级 0	
14	建筑工程	楼梯、踏步	2	2	○	○	✓	○	✓	○	×								○	底层起步差2.5cm
15	建筑工程	厕浴、阳台泛水	2	2	○	○	✓	○	○	○	✓	○	○	○			1.6			
16	建筑工程	抽气、垃圾道	2	2	○	○	✓	○	○	✓							1.6			
17	建筑工程	细木、护栏	2(4)	2	✓	✓	○	○	✓	✓						1.8				
18	建筑工程	安装门 弹簧门	4	1	✓	✓									1					
		安装门 木门		3	○	○	✓	○	✓	○	○	○	✓	✓				2.4		
19	建筑工程	安装窗 铝合金窗	4	2	✓	✓	○	○	✓	○	✓	✓					1.8			
		安装窗 钢窗		2	○	○	✓	○	✓	○	○	○						1.6		
20	建筑工程	玻璃	2	2	✓	✓	✓	○	○	✓	○	○	○	✓			1.8			
21	建筑工程	油漆 调和漆	4(6)	4	○	○	✓	○	○	✓	✓	○	○	○				3.2		
		油漆 土漆		2	✓	○	○	✓	✓	✓							1.8			
22	室内给排水	管道坡度、接口、支架、管件	3	3	○	○	✓	○	✓	○	○	✓	○	○			2.4			
23	室内给排水	卫生器具、支架、阀门、配件	3	3	○	○	○	✓	○	○	○	○	○	○				2.1		
24	室内给排水	检查口、扫除口、地漏	2	2	○	○	○	○	○	○	○	○	○	○				1.4		
25	室内采暖	管道坡度、接口、支架、弯管	3	3	✓	○	○	✓	○	○	○	✓	○	○			2.4			
26	室内采暖	散热器及支架	2	2	○	✓	○	○	○	✓	○	○	○	✓			1.6			
27	室内采暖	伸缩器、膨胀水箱	2	2	○	○	✓	○	○	✓	✓	○	○	○			1.6			
28	室内煤气	管道坡度、接口、支架	2																	
29	室内煤气	煤气管与其他管距离	1																	
30	室内煤气	煤气表、阀门	1																	
31	室内电气安装	线路敷射	2	2	○	✓	○	○	✓	○	✓	○	○	○			1.6			
32	室内电气安装	配电箱（盘、板）	2	2	○	○	○	○	○	✓	○	○	○	○				1.4		
33	室内电气安装	照明器具	2	2	○	○	✓	○	○	○	○	✓	○	○			1.6			
34	室内电气安装	开关、插座	2	2	✓	○	✓	✓	○	○	✓	○	✓	✓		1.8				
35	室内电气安装	防雷、动力	2	2	✓	✓	○	✓	✓	○						1.8				

续表

序号	项目名称		标准分	标准分再分配	质量情况										评定等级得分					备注
					1	2	3	4	5	6	7	8	9	10	一级 100%	二级 90%	三级 80%	四级 70%	五级 0	
36	通风	风管、支架	2																	
37		风口、风阀、罩	2																	
38		风机	1																	
39	空调	风管、支架	2	2	○	✓	○	○	○	✓	○	○	✓	○			1.6			
40		风口、风阀	2	2	✓	○	○	✓	✓	○	○	✓	○	○			1.6			
41		空气处理室、机组	1	1	○	✓	○										0.3			
42	电梯	运行、平层、开关门	3	3	○	✓	○	○	✓	✓						2.7				
43		层门、信号系统	1	1	✓	✓	○	○	✓	✓						0.9				
44		机房	1	1	○	○	✓	○	✓	○							0.8			
合计	应得分：114分				实得分：91.5分										得分率：80%					

检查人员：张 伟 李光明 宋 飞 1995年9月28日

四、统计评定项目等级

在预定检查处（间）全部检查完毕后，首先查对原始记录，无误后，进行统计评定项目等级。

根据“统一标准”规定：抽查或全数检查的处（间）均符合相应质量检验评定标准合格规定的项目，评为四级；其中，有20%～49%的处（间）达到相应标准优良规定者，评为三级；有50%～79%的处（间）达到相应标准优良规定者，评为二级；有80%及其以上的处（间）达到相应标准优良规定者，评为一级；有不符合相应标准合格规定的处（间）者，评为五级，并应处理。

五、计算得分率

1. 应得分：

“统一标准”附录四所列出的44个项目是常用的一些项目。但对某一具体工程而言，往往都是有缺项的（即：应得分之和常小于表列项目标准分之和）。评定时，没有的项目不计，也不计分值，只将被检查项目的标准分加在一起，即为单位工程观感质量评定的应得分。

2. 实得分：

按每个项目的评定等级得分率（见表4-1）乘以该项目的标准分就得到每个项目的实得分。即：

评定为一级的实得分＝标准分×100%；

评定为二级的实得分＝标准分×90%；

评定为三级的实得分＝标准分×80%；

评定为四级的实得分＝标准分×70%；

评定为五级的实得分为“0”。

将所有被查项目的实得分加在一起，即为单位工程观感质量评定的实得分。

3. 观感评定得分率：

观感评定得分率＝实得分/应得分×100％

六、观感质量评定等级

根据“统一标准”第三章的规定：观感质量评定得分率在85％及其以上者为“优良”；得分率在70％（含）～85％（不含）之间者为“合格”；得分率在70％以下者为“不合格”。

在施工企业按上述要求完成对单位工程观感质量的评定后，将评定结果填入“统一标准”附录五表中“观感质量评定情况”栏内，并将有关资料整理成册，呈报当地质监部门。质监部门收到有关资料后，应组织有关人员对其观感质量进行现场检查核实。其评定的要求、步骤、使用表格、计分方法均与企业自评相同（即重新评定一次）。所不同的是企业自评在先，质监部门核定在后，且应以质监部门核定的等级为准。最后将核定情况填入“统一标准“附录五表中”观感质量核定情况”栏内。

为了减少由于评定人员的技术水平、经验等主观因素的影响，评定小组应由不少于三人组成，而且要求所有参评人员要熟悉“标准”且能准确地运用“标准”，做到能够客观、公正而又准确地对单位工程观感质量给予评价。

第五章　建筑工程各分项工程的质量检验与评定

建筑工程质量检验评定是以分项工程为基础的，由于分项工程项目繁多（现行标准建筑工程分为59个分项工程），内容各异，为领会基本精神，掌握其检验评定方法，本章仅列举部分常用的建筑工程分项工程质量检验评定为例进行学习。

第一节　土方与爆破工程

本节适用于工业与民用建筑中土方与爆破工程的质量检验与评定。

本节的主要指标和要求是根据国家标准《土方与爆破工程施工及验收规范》(GBJ201—83)（以下简称施工规范）的规定提出的。

一、土方工程

适用范围：柱基、基坑、基槽和管沟的开挖与回填、以及挖方、填方、场地平整、排水沟等土方工程。

（一）保证项目

(1) 柱基、基坑、基槽和管沟的基底土质必须符合设计要求，并严禁扰动。

检验方法：观察检查和检查验槽记录。

基底土质应由施工单位会同建设单位、设计单位，三方代表在现场观察检查，合格后方可作出地基验槽记录（见表5-1)。土的鉴别可取样试验判明，也可参见土方施工规范附表2.1（见表5-2)，按土的野外鉴别法进行鉴别。

(2) 填方的基底处理必须符合设计要求和施工规范的规定。

填方基底处理，属于隐蔽工程，直接影响整个填方工程和上层建筑的稳定与安全，一旦发生质量事故很难采取补救措施。因此必须按设计要求施工。设计无要求时必须符合施工规范的有关规定。

(3) 填方和柱基、基坑、基槽、管沟回填的土料必须符合设计要求和施工规范的规定。

检验方法：野外鉴别或取样试验。

回填土料，如设计无要求时，应符合施工规范的规定（详见施工规范第三章第四节)。填土压实要求不高的填料，可按土的野外鉴别法初步判明，然后分别按地段及土层情况，取有代表性的土样进行试验，提出试验报告。

(4) 填方和柱基、基坑、基槽、管沟的回填，必须按规定分层夯压密实。取样测定压实后土的干土质量密度，其合格率不应小于90%，不合格干土质量密度的最低值与设计值的差不应大于0.08g/cm^3，且不应集中。

检验数量：环刀法的取样数量：柱基回填，抽查柱基总数的10%，但不应少于5个；基槽和管沟回填，每层按长度20～50m取样1组，但不少于1组；基坑和室内填土，每层按100～500m^{2}取样1组，但不少于1组；场地平整填方，每层按400～900m^{2}取样1组，但不

地基验槽记录 表5-1

工程名称＿＿＿＿＿＿ 施工单位＿＿＿＿＿＿

验槽区段＿＿＿＿＿＿ 验槽日期 年 月 日

轴线部位	平面位置				槽底标高（m）	边坡坡度	基底处理情况	备注
	槽底长度（cm）	槽底宽度（cm）	中心轴线偏移					
			偏值（mm）	方位				

地基平面简图及变化情况剖面图和土质情况

验槽意见

设计单位	建设单位	施工单位	
		验收人员	施工负责人

少于1组。灌砂或灌水法的取样数量可较环刀法适当减少。

检验方法：观察检查和检查取样平面图及试验记录。

关于压实后干土质量密度的检查，可先在图上定点，然后进行检查。取样部位，环刀法应取每层压实后的下半部；灌砂法应取每层压实后的全部深度。

（二）允许偏差项目

土方工程外形尺寸的允许偏差和检验方法，应符合表5-3的规定。

检查数量：标高：柱基按总数抽查10％，但不少于5个，每个不少于2点，基坑每20m²取1点，每坑不少于2点；基槽、管沟、排水沟，路面基层按每20m²取一点，但不少于5点；挖方、填方、地面基层每30～50m²取1点，但不少于10点。长度、宽度和边坡偏陡均为每20m²取1点，每边不少于1点。表面平整度每30～50m²取1点。

土的野外鉴别法　　表 5-2

（施工规范附表 2.1）

项目		粘土	亚粘土	轻亚粘土	砂土
湿润时用刀切		切面光滑、有粘刀阻力	稍有光滑面，切面平整	无光滑面，切面稍粗糙	无光滑面，切面粗糙
湿土用手捻摸时的感觉		有滑腻感，感觉不到有砂粒，水分较大时很粘手	稍有滑腻感，有粘滞感，感觉到有少量砂粒	有轻微粘滞感或无粘滞感，感觉到砂粒较多、粗糙	无粘滞感，感觉到全是砂粒、粗糙
土的状态	干土	土块坚硬，用锤才能打碎	土块用力可压碎	土块用手捏或抛扔时易碎	松散
	湿土	易粘着物体，干燥后不易剥去	能粘着物体，干燥后较易剥去	不易粘着物体，干燥后一碰就掉	不能粘着物体
湿土搓条情况		塑性大，能搓成直径小于 0.5mm 的长条(长度不短于手掌)，手持一端不易断裂	有塑性，能搓成直径为 0.5～2mm 的土条	塑性小，能搓成直径为 2～3mm 的短条	无塑性，不能搓成土条

土方工程外形尺寸的允许偏差和检验方法　　表 5-3

项次	项目	允许偏差（mm）					检验方法
		柱基、基坑、基槽、管沟	挖方、填方、场地平整		排水沟	地（路）面基层	
			人工施工	机械施工			
1	标高	+0 −50	±50	±100	+0 −50	+0 −50	用水准仪检查
2	长度、宽度（由设计中心线向两边量）	−0	−0	−0	+100 −0	—	用经纬仪、拉线和尺量检查
3	边坡偏陡	不允许	不允许	不允许	不允许	—	观察或用坡度尺检查
4	表面平整度	—	—	—	—	20	用 2m 靠尺和楔形塞尺检查

注：地（路）面基层的偏差只适用于直接在挖，填方上做地（路）面的基层。

检查时，可按上述数量先在图上定点，然后进行检查。

表 5-3 中将柱基、基坑（槽）、管沟、排水沟及地（路）面基层标高允许偏差值定为＋0～－50mm，主要理由是不允许欠挖，是为了防止基坑底面（或地、路面基层）超高，影响基础（或地、路面）的设计厚度和管道安装标高；允许有一定的超挖，是为了便于施工掌握，又不影响工程质量。超挖部分可在基础施工时，适当增加垫层或基层厚度处理。

二、爆破工程

适用范围：开挖柱基、基坑、基槽、管沟和场地平整的爆破工程以及水下爆破工程。

（一）保证项目

柱基、基坑、基槽、管沟和水下爆破后基底的岩土状态，必须符合设计要求。

检验方法：观察检查和检查验槽记录。

主要通过观察检查岩土的类别、风化程度、有无爆破造成的破坏或影响，要会同设计单位、建设单位检查合格后作出验槽记录。检查时需作全数检查。

（二）允许偏差项目

爆破工程外形尺寸的允许偏差和检查方法应符合表 5-4 的规定。

爆破工程外形尺寸的允许偏差和检验方法 **表 5-4**

项次	项目	允许偏差（mm）			检验方法
		柱基、基坑、基槽、管沟	场地平整	水下爆破	
1	标高	+0 −200	+100 −300	+0 −400	用水准仪检查
2	长度、宽度	+200 −0	+400 −100	+1000 −0	用经纬仪、拉线和尺量检查
3	边坡偏陡	不允许	不允许	不允许	观察或用坡度尺检查

注：柱基、基坑、基槽、管沟和水下爆破应将炸松的石渣清除后检查。场地平整应在整平完毕后检查。

检查数量：标高：柱基按总数抽查 10%，但不少于 5 个，每个不少于 2 点；基坑每 20m² 取 1 点，每坑不少于 2 点；基槽、管沟每 20m 取 1 点，但不少于 5 点；场地平整每 100～400m² 取 1 点，但不少于 10 点。长度、宽度和边坡偏陡为每 20m 取 1 点，每边不少于 1 点。

三、土方工程质量检验评定举例

某公司住宅楼，七层砖混结构，建筑面积 2778m²，采用人工开挖基槽，现对该土方分项工程进行检验评定。

（一）保证项目

（1）基槽底土质情况与地质勘察资料相符，其中①～⑦轴线为粉细砂土，f=120kPa，⑦～⑪轴线为粘性粉砂土，f>120kPa，满足设计要求，并无扰动。有设计单位、建设单位和施工单位共同参加的地基验槽记录 1 份。

（2）填方的基底处理符合设计要求和施工规范规定，由施工单位和建设单位代表现场观察检查，有验收签证 1 份。

（3）填方和基槽回填土料符合设计要求和施工验收规范规定，由施工单位与建设单位代表共同鉴定，有验收签证 1 份。

（4）基槽及室内回填土均采用分层夯填，分层厚度为 30cm。采用环刀法取样，测定压实后干土密实度为：平均值 95%，最低值 94%。有压实度检查通知单 1 份。

保证项目检查 4 项，均符合施工验收规范规定。

（二）允许偏差项目

标高，长度、宽度和边坡偏陡各检查 10 点，共 30 点，其中合格 28 点，合格率达 93.3%。

允许偏差项目符合优良要求。

土方分项工程质量检验评定表见表 5-5 所示。

(GBJ301—88) 建 2—1—1

土方分项工程质量检验评定表 **表 5-5**

工程名称：××市××公司 1#住宅楼　　　　部位：基槽土方

<table>
<tr><td></td><td colspan="2">项　　目</td><td>质 量 情 况</td></tr>
<tr><td rowspan="4">保证项目</td><td>1</td><td>柱基、基坑、基槽和管沟基底的土质，必须符合设计要求，并严禁扰动</td><td>基槽基底土质符合设计要求，并且无扰动</td></tr>
<tr><td>2</td><td>填方的基底处理，必须符合设计要求和施工规范的规定</td><td>填方的基底处理符合设计要求和施工规范的规定</td></tr>
<tr><td>3</td><td>填方和柱基、基坑、基槽、管沟回填的土料，必须符合设计要求和施工规范的规定</td><td>填方和基槽回填的土料符合设计要求和施工规范的规定</td></tr>
<tr><td>4</td><td>填方和柱基、基坑、基槽、管沟的回填，必须按规定分层夯压密实。取样测定压实后的干土质量密实，其合格率不应小于 90%，不合格干土质量密度的最低值与设计值的差不应大于 0.08g/cm³，且不应集中</td><td>基础及室内填土均采用分层夯填，符合施工规范规定。取样测定压实后干土密实度平均达 95%，最低值达 94%</td></tr>
</table>

<table>
<tr><td rowspan="7">允许偏差项目</td><td colspan="2" rowspan="3">项　　目</td><td colspan="5">允许偏差（mm）</td><td colspan="10" rowspan="2">实 测 值 （mm）</td></tr>
<tr><td rowspan="2">柱基、基坑、基槽、管沟</td><td colspan="2">挖方、填方、场地平整</td><td rowspan="2">排水沟</td><td rowspan="2">地（路）面基层</td></tr>
<tr><td>人工施工</td><td>机械施工</td><td>1</td><td>2</td><td>3</td><td>4</td><td>5</td><td>6</td><td>7</td><td>8</td><td>9</td><td>10</td></tr>
<tr><td>1</td><td>标高</td><td>+0
−50</td><td>±50</td><td>±100</td><td>+0
−50</td><td>+0
−50</td><td>−30</td><td>0</td><td>0</td><td>−20</td><td>−40</td><td>0</td><td>−40</td><td>−30</td><td>0</td><td>−20</td></tr>
<tr><td>2</td><td>长度、宽度</td><td>−0</td><td>−0</td><td>−0</td><td>+100
−0</td><td>—</td><td>0</td><td>0</td><td>0</td><td>+3</td><td>0</td><td>0</td><td>0</td><td>0</td><td>0</td><td>+3</td></tr>
<tr><td>3</td><td>边坡偏陡</td><td>不允许</td><td>不允许</td><td>不允许</td><td>不允许</td><td>—</td><td>✓</td><td>✓</td><td>✓</td><td>✓</td><td>✓</td><td>✓</td><td>✓</td><td>✓</td><td>✓</td><td>✓</td></tr>
<tr><td>4</td><td>表面平整度</td><td>—</td><td>—</td><td>—</td><td>—</td><td>20</td><td></td><td></td><td></td><td></td><td></td><td></td><td></td><td></td><td></td><td></td></tr>
</table>

<table>
<tr><td rowspan="2">检查结果</td><td>保证项目</td><td colspan="3">达到标准 4 项，未达到标准 0 项</td></tr>
<tr><td>允许偏差项目</td><td colspan="3">实测 30 点，其中合格 28 点，合格率 93.3%</td></tr>
<tr><td>评定等级</td><td>优良</td><td>工程负责人：×××
工　　长：× × 班 组 长：×××</td><td>核定等级</td><td>优良
质量检查员：×××</td></tr>
</table>

注：地（路）面基层的偏差只适用于直接在挖、填方上做地（路）面的基层。

××年×月×日

评定等级：优良。

第二节　地基与基础工程

本节适用于工业与民用建筑的人工地基、桩基、沉井、沉箱和地下连续墙工程的质量检验和评定。其它形式的基础见《标准》中钢筋混凝土和砖石工程的有关规定。

本节中主要指标和要求是根据《地基与基础工程施工及验收规范》GBJ202—83（以下简称施工规范）的规定提出的。

本节以灰土、砂石、砂、三合土地基分项工程和打（压）桩工程为例。

一、灰土、砂石、砂、三合土地基工程

适用范围：灰土、砂石、砂和三合土铺筑的人工地基、垫层和灰土防潮层等工程。

（一）保证项目

（1）基底的土质必须符合设计要求

检验方法：观察检查和检查验槽记录。

基底的土质指基底土的承载力、稳定性以及主要的物理力学指标应符合设计要求。待基底土挖至设计标高后，应由施工单位、建设单位、设计单位三方代表参加验槽、工程质量监督站抽查。验槽时如发现欠挖，应挖至规定标高；如发现超挖，不能用虚土回填，应用素混凝土铺筑；如发现局部软弱土或墓穴等影响地基承载力的情况，应由设计单位提出处理意见，由施工单位实施，待符合要求后，方可验槽签证。根据观察和检查土质的试验资料，将质量情况填入验槽记录。

（2）灰土、砂、砂石和三合土的干土质量密度或贯入度，必须符合设计要求和施工规范的规定。

检验方法：观察检查和检查分层试（检）验记录。

试验记录主要是干土质量密度或贯入度记录。干密度的测定是在夯压后的砂地基中用容积不小于 200cm^3 的环刀取样，测定其干密度，以不小于该砂料在中密状态时的干密度为合格。贯入度试验是用直径为 20mm，长 125mm 的平头圆钢，举离砂层表面 700mm 自由下落，插入深度以不大于通过试验所确定的贯入度为合格。

（二）基本项目

（1）灰土、砂、砂石和三合土的配料、分层虚铺厚度及夯压程度应符合以下规定：

合格：配料正确，拌合均匀，虚铺厚度符合规定，夯压密实。

优良：配料正确，拌合均匀，虚铺厚度符合规定，夯压密实，灰土与三合土表面无松散和起皮。

检查数量：柱基按总数抽查 10%，但不少于 5 个；基坑、槽沟每 10m^2 抽查 1 处，但不少于 5 处。

检验方法：观察检查。

灰土的配合比一般为 2：8 或 3：7，设计有要求时按设计要求配料。施工时应尽量使灰土在最佳含水状态，其简易检验方法是用手将灰土紧握成团，二指轻捏即碎为宜。如土料水分过多或不足时应采取晾干或湿润措施。灰土拌合是否均匀，可观察颜色，颜色一致，则基本均匀，应及时铺摊夯实，不得隔日夯打。

（2）灰土、砂、砂石和三合土留槎和接槎应符合以下规定：

合格：分层留槎位置正确，接槎密实。

优良：分层留槎位置、方法正确，接槎密实、平整。

检查数量：不少于5个接槎处，不足5处时，逐个检查。

检查方法：观察和尺量检查。

灰土分段施工时，不得在墙角、柱基及承重窗间墙下留槎，上下两层灰土的接槎距离必须大于500mm；砂、砂石地基分段施工时，接头处应作成斜坡，每层错开0.5～1m，并充分压实。

（三）允许偏差项目

灰土、砂、砂石和三合土地基的允许偏差和检验方法应符合表5-6的规定。

检查数量同基本项目第2条规定。

灰土、砂、砂石和三合土地基的允许偏差和检验方法　　表5-6

项次	项目		允许偏差(mm)	检验方法
1	顶面标高		±15	用水准仪或拉线和尺量检查
2	表面平整度	灰土	15	用2m靠尺和楔形塞尺检查
		砂、砂石、三合土	20	

如标高和平整度不合格点过多或偏离标准过大，应进行处理。

二、打（压）桩工程

适用范围：钢筋混凝土预制桩（方桩、管桩、板桩）、钢管桩、钢板桩和木桩（方桩、圆桩、板桩）的打（压）桩工程。

（一）保证项目

（1）钢筋混凝土预制桩、木桩、钢板桩、钢管桩的质量必须符合设计要求和施工规范的规定。

检验方法：观察检查和检查出厂合格证。

根据《预制混凝土构件质量检验评定标准》(GBJ321—90)，无论在现场预制还是在工厂预制均应执行该标准。现场预制的桩应按标准评定质量等级，并参加分部工程的质量等级评定。工厂预制的桩只进行观察检查和检查出厂合格证，其分项工程不参加分部工程的评定。

（2）打（压）桩的标高或贯入度、桩的接头节点处理必须符合设计要求和施工规范的规定。

检验方法：观察检查和检查施工记录、试验报告。

桩设计时是以最终贯入度和最终标高作为最终控制。对于摩擦桩以控制最终标高为主，以控制最终贯入度作为参考；对于端承桩则以控制最终贯入度为主，以最终标高作为参考。打（压）桩施工时必须按施工规范规定的表格要求认真记录，它是桩基隐蔽工程的原始凭证，在质量检查以及工程等级核定时都应检查。

桩的接头节点处理有两种方法：一种是电焊接桩；另一种是硫磺胶泥接桩。接头节点处理均应按施工规范规定操作和检查，并作好有关记录，作为隐蔽工程的原始凭证。

该项检查为全数检查。

（二）允许偏差项目

打（压）桩的允许偏差和检验方法应符合表 5-7 的规定。

检查数量：按不同规格桩数各抽查 10%，但均不少于 3 根。

打（压）桩的允许偏差和检验方法 **表 5-7**

<table>
<tr><th>项次</th><th colspan="3">项　　目</th><th>允许偏差
(mm)</th><th>检验方法</th></tr>
<tr><td rowspan="2">1</td><td rowspan="6">方、管、圆桩中心位置偏移</td><td rowspan="2">有基础梁的桩</td><td>垂直基础梁的中心线方向</td><td>100</td><td rowspan="9">用经纬仪或拉线和尺量检查</td></tr>
<tr><td>沿基础梁的中心线方向</td><td>150</td></tr>
<tr><td>2</td><td colspan="2">桩数为 1～2 根或单排桩</td><td>100</td></tr>
<tr><td>3</td><td colspan="2">桩数为 3～20 根</td><td rowspan="2">$d/2$</td></tr>
<tr><td rowspan="2">4</td><td rowspan="2">桩数多于 20 根</td><td>边缘桩</td></tr>
<tr><td>中间桩</td><td>d</td></tr>
<tr><td rowspan="2">5</td><td rowspan="2">板　桩</td><td colspan="2">位置偏移</td><td>100</td></tr>
<tr><td colspan="2">垂　直　度</td><td>$H/100$</td></tr>
</table>

注：d 为桩的直径或截面边长；H 为桩长。

允许偏差若采用相对值，如 d、$d/2$，检查时应填入绝对值。

三、砂石地基工程质量检验评定举例

某单位办公楼，六层砖混结构，采用砂石换土地基，现对该分项工程进行检验评定。

（一）保证项目

（1）基槽底土质为粉砂土质，符合设计要求，由市质检站、设计单位、建设单位和施工单位一致认可。有地基验槽记录 1 份，土壤试验结果报告单 1 份。

（2）砂石中石子含量经测定均大于 60%，现场取样压实后的砂石地基干容重均大于中密状态时的干容重，相对密实度平均达 96.6%，有压实度检查通知单 1 份。

保证项目检查工项均符合施工验收规范规定。

（二）基本项目

（1）配料密度检查 10 处均达优良；该项为优良。

（2）留接槎检查 10 处，合格 1 处，优良 9 处，优良率为 90%，该项为优良。

基本项目检查工项，均为优良，优良率为 100%。

（三）允许偏差项目

顶面标高检查 10 点，表面平整度检查 10 点，共实测 20 点，在允许偏差内的有 18 点，合格率为 18÷20×100%＝90%，所以允许偏差项目符合优良要求。

砂石地基分项工程质量检验评定表见表 5-8 所示。

评定等级：优良。

灰土、砂、砂石和三合土地基分项工程质量检验评定表 表 5-8

工程名称：××办公楼　　　　　　　　　　部位：基础换土

		项　目	质　量　情　况
保证项目	1	基底的土质必须符合设计要求	基底为粉砂土质，符合设计要求
保证项目	2	灰土、砂、砂石和三合土的干土质量密度或贯入度，必须符合设计要求和施工规范的规定	砂夹石中的石子含量经测定均大于60%，现场取样压实后的砂夹石的密度平均达96.6%，符合设计要求和施工规范规定

		项　目	质量情况 1	2	3	4	5	6	7	8	9	10	等　级
基本项目	1	灰土、砂、砂石和三合土的配料、分层虚铺厚度及夯压程度	✓	✓	✓	✓	✓	✓	✓	✓	✓	✓	优　良
基本项目	2	灰土、砂、砂石和三合土的留接槎	✓	✓	○	✓	✓	✓	✓	✓	✓	✓	优　良

		项　目		允许偏差 (mm)	实测值 (mm) 1	2	3	4	5	6	7	8	9	10
允许偏差项目	1	顶面标高		±15	+10	+8	+5	+15	+18	+14	+7	+5	+10	+11
允许偏差项目	2	表面平整度	灰　土	15										
允许偏差项目	2	表面平整度	砂、砂石、三合土	20	20	5	0	10	15	13	7	18	㉔	10

检查结果	保证项目	达到标准 2 项，未达到标准　0　项
检查结果	基本项目	检查　2　项，其中优良　2　项，优良率　100　%
检查结果	允许偏差项目	实测　20　点，其中合格　18　点，合格率　90　%
评定等级	工程负责人：××× 优良　工　长：×× 班　组　长：×××	核定等级：优　良 质量检查员：×××

××年×月××日

第三节　钢筋混凝土工程

本节适用于工业与民用建筑的模板、钢筋、混凝土、构件安装和预应力钢筋混凝土工程的质量检验与评定。

本节的主要指标和要求是根据《混凝土结构工程施工及验收规范》GB50204—92 的规定提出的。

本节以模板、钢筋、混凝土分项工程为例。

一、模板工程

（一）保证项目

模板及其支架必须具有足够的强度、刚度和稳定性；其支架的支承部分必须有足够的支承面积。如安装在基土上，基土必须有排水措施。对湿陷性黄土，必须有防水措施；对冻胀性土，必须有防冻融措施。

检验方法：对照模板设计，现场观察或尺量检查。

要求对模板和支架全数检查。

（二）基本项目

（1）模板接缝宽度应符合以下规定：

合格：不大于 2.5mm。

优良：不大于 1.5mm。

检查数量：按梁、柱和独立基础的件数各抽查 10%，但均不应少于 3 件；带型基础、圈梁每 30～50m 抽查 1 处（每处 3～5m）但均不应少于 3 处；墙和板按有代表性的自然间抽查 10%，礼堂、厂房等大间按两轴线为一间，墙每 4m 左右高为 1 个检查层，每面为 1 处，板每间为 1 处，但均不应少于 3 处。

检查方法：观察和用楔形塞尺检查。

（2）模板与混凝土的接触面应清理干净并采取防止粘结措施。

1）每件（处）墙、板、基础的模板上粘浆和漏涂隔离剂累计面积应符合以下规定：

合格：不大于 2000cm^2。

优良：不大于 1000cm^2。

2）每件（处）梁、柱的模板上粘浆和漏涂隔离剂累计面积应符合以下规定：

合格：不大于 800cm^2。

优良：不大于 400cm^2。

检查数量：同上条规定。

检查方法：观察和尺量检查。

对设计有特殊要求，拆模后不再装饰的混凝土，其模板必须清理干净，满涂隔离剂，妨碍装饰工程施工的隔离剂不宜采用。

（三）允许偏差项目

模板安装和预埋件、预留洞的允许偏差和检验方法应符合表 5-9 的规定。

检查数量：同基本项目第一条规定。

允许偏差项目按施工工艺分为四个类型，在实测评定时必须对号入座。

模板安装和预埋件、预留孔洞的允许偏差和检验方法 **表 5-9**

项次	项目		允许偏差（mm）				检验方法
			单层、多层	高层框架	多层大模	高层大模	
1	轴线位移	基础	5	5	5	5	尺量检查
		柱、墙、梁	5	3	5	3	
2	标高		±5	+2 −5	±5	±5	用水准仪或接线和尺量检查
3	截面尺寸	基础	±10	±10	±10	±10	尺量检查
		柱、墙、梁	+4 −5	+2 −5	±2	±2	

续表

项次	项目		允许偏差（mm）				检验方法
			单层、多层	高层框架	多层大模	高层大模	
4	每层垂直度		3	3	3	3	用 2m 托线板检查
5	相邻两板表面高低差		2	2	2	2	用直尺和尺量检查
6	表面平整度		5	5	2	2	用 2m 靠尺和楔形塞尺检查
7	预埋钢板中心线位移		3	3	3	3	拉线和尺量检查
8	预埋管预留孔中心线位移		3	3	3	3	
9	预埋螺栓	中心线位移	2	2	2	2	
		外露长度	+10 −0	+10 −0	+10 −0	+10 −0	
10	预留洞	中心线位移	10	10	10	10	
		截面内部尺寸	+10 −0	+10 −0	+10 −0	+10 −0	

二、钢筋工程

（一）保证项目

（1）钢筋的品种和质量，焊条、焊剂的牌号、性能以及接头中使用的钢板和型钢必须符合设计要求和有关标准规定。

检验方法：检查出厂质量证明书和试验报告。

钢筋进场时应按批号及直径分批验收。验收内容包括查对标牌、外观检查，并应抽取试样作机械性能试验，合格后方可使用。钢筋在加工过程中发现脆断、焊接性能不良或机械性能显著不正常时，应重新进行化学成分检验或其它专项检验。

进口钢材需先经化学成分检验和焊接试验，符合有关规定后方可用于工程。

（2）冷拉冷拔钢筋的机械性能必须符合设计要求和施工规范的规定。

检验方法：检查出厂质量证明书、试验报告和冷拉记录。

冷拉钢筋的机械性能应符合表 5-10 的规定，冷拔钢筋的机械性能应符合表 5-11 的规定。

冷拉钢筋的机械性能　表 5-10

项次	钢筋级别	直径（mm）	屈服点（N/mm^2）	抗拉强度（N/mm^2）	伸长率 δ_{10}（%）	冷弯	
			不小于			弯曲角度	弯曲直径
1	冷拉Ⅰ级	6～12	280	380	11	180°	$3d_0$
2	冷拉Ⅱ级	8～25	420	520	10	90°	$3d_0$
		28～40		500		90°	$4d_0$
3	冷拉Ⅲ级	8～40	500	580	8	90°	$5d_0$
4	冷拉Ⅳ级	10～28	700	850	6	90°	$5d_0$

冷拔低碳钢丝的机械性能　　表 5-11

项次	钢筋级别	直径 (mm)	抗拉强度 (N/mm²)		伸长度 (%) 标距 (100mm)	反覆弯曲 (180°次数)
			Ⅰ组	Ⅱ组		
			不小于			
1	甲级	5	650	600	3	4
		4	700	650	3.5	4
2	乙级	3～5	550		2	4

注：甲级钢丝主要用作预应力筋，乙级钢丝用于焊接网、焊接骨架、箍筋和构造钢筋。

(3) 钢筋的表面必须清洁。带有颗粒状或片状老锈，经除锈后仍留有麻点的钢筋严禁按原规格使用。

检验方法：观察检查。

(4) 钢筋的规格、形状、尺寸、数量、间距、锚固长度、接头设置必须符合设计要求和施工规范的规定。

检验方法：观察或尺量检查。

钢筋的规格、形状、尺寸、数量、间距、锚固长度，设计图纸都有明确规定，检查时应认真核对图纸。

钢筋级别、钢号和直径需要代换时，应征得设计单位同意，一般用等强度代换或同一钢种等截面代换。

转角处、梁和柱节点处、柱子牛腿构造柱柱端头、屋架端头及按规定应加密箍筋的区域的钢筋数量，易忽略遗漏，应仔细检查。

接头设置，采用焊接接头时，应符合施工规范第 3.4.4 条～第 3.4.7 条的规定，采用绑扎接头时，应符合施工规范第 3.5.2 条～3.5.5 条的规定。

(5) 钢筋焊接接头焊接制品的机械性能必须符合钢筋焊接及验收的专门规定。

检验方法：检查焊接试件的试验报告。

专门规定系指《钢筋焊接及验收规程》(JGJ18—84)。

(二) 基本项目

(1) 钢筋网片、骨架的绑扎和焊接质量应符合下列规定：

1) 绑扎

合格：缺扣、松扣的数量不超过应绑数的 20%，且不应集中。

优良：缺扣、松扣的数量不超过应绑数的 10%，且不应集中。

2) 焊接

合格：骨架无漏焊、开焊。钢筋网片漏焊、开焊不超过焊点数的 4%，且不应集中；板伸入支座范围内的焊点无漏焊、开焊。

优良：骨架无漏焊、开焊。钢筋网片漏焊、开焊不超过焊点数的 2%，且不应集中；板伸入支座范围内的焊点无漏焊、开焊。

检查数量：按梁、柱和独立基础的件数各抽查 10%，但均不应少于 3 件；带形基础、圈梁每 30～50m 抽查 1 处 (每处 3～5m)，但均不少于 3 处；墙和板按有代表性的自然间抽查 10% (礼堂、厂房等大间按两轴线为一间)，墙每 4m 左右高为 1 个检查层，每面为 1 处，板面为 1 处，板每间为 1 处，但均不少于 3 处。

检验方法：观察和手扳检查。

（2）弯钩的朝向应正确。绑扎接头应符合施工规范规定，其中搭接长度应符合以下规定：

合格：搭接长度均不小于规定值95%。

优良：搭接长度均不小于规定值。

检查数量：同基本项目第1条。

检验方法：观察和尺量检查。

（3）用Ⅰ级钢或冷拔低碳钢丝制作的箍筋，其数量、弯钩角度和平直长度均应符合以下规定：

合格：数量符合设计要求，弯钩角度和平直长度基本符合施工规范的规定。

优良：数量符合设计要求，弯钩角度和平直长度符合施工规范的规定。

检查数量：同基本项目第1条规定。

检验方法：观察或尺量检查。

（4）钢筋的焊点与接头尺寸和外观质量应符合下列规定：

1）点焊焊点

合格：无裂纹、多孔性缺陷及明显烧伤。焊点压入深度符合钢筋焊接及验收的专门规定。

优良：焊点处熔化金属均匀，无裂纹、多孔性缺陷及烧伤。焊点压入深度符合钢筋焊接及验收的专门规定。

2）对焊接头

合格：接头处弯折不大于4°；钢筋轴线位移不大于0.1d，且不大于2mm。无横向裂纹。Ⅰ、Ⅱ、Ⅲ级钢筋无明显烧伤；Ⅳ级钢筋无烧伤。低温对焊时，Ⅱ，Ⅲ级钢筋均无烧伤。

优良：接头处弯折不大于4°；钢筋轴线位移不大于0.1d，且不大于2mm。无横向裂纹和烧伤，焊包均匀。

3）电弧焊接头

合格：帮条沿接头中心线的纵向位移不大于0.5d；接头处弯折不大于4°；钢筋轴线位移不大于0.1d，且不大于3mm；焊缝厚度不小于0.05d，宽度不小于0.1d，长度不小于0.5d。无较大的凹陷、焊瘤。接头处无裂纹。咬边深度不大于0.5mm（低温接咬边深度不大于0.2mm）。帮条焊、搭接焊在长度2d的焊缝表面上；坡口焊、熔槽帮条焊在全部焊缝上气孔及夹渣均不多于2处，且每处面积不大于6mm²；预埋件和钢筋焊接处，直径大于1.5mm的气孔或夹渣，每件不超过3个。

优良：帮条沿接头中心线的纵向位移不大于0.5d；接头处弯折不大于4°；钢筋轴线位移不大于0.1d，且不大于3mm；焊缝厚度不小于0.05d、宽度不小于0.1d，长度不小于0.5d。焊缝表面平整、无凹陷、焊瘤。接头处无裂纹、气孔、夹渣及咬边。

4）电渣压力焊接头

合格：接头处弯折不大于4°；钢筋轴线位移不大于0.1d，且不大于2mm。无裂纹及明显烧伤。

优良：接头处弯折不大于4°，钢筋轴线位移不大于0.1d，且不大于2mm。焊包均匀，无裂纹及烧伤。

5）埋弧压力焊接头

合格：接头处弯折不大于4°。钢筋无明显烧伤。咬边深度不超过0.5mm。钢板无焊穿、凹陷。

优良：接头处弯折不大于4°。焊包均匀，钢筋无烧伤、咬边。钢板无焊穿、凹陷。

检查数量：点焊网片、骨架按同一类制品抽查5%，梁、柱、桁架等重要制品抽查10%，但均不应少于3件；对焊接接头抽查10%，但不少于10个接头；电弧焊、电渣压力焊接头应逐个检查；埋弧压力焊接头抽查10%，但不少于5件。

检验方法：用小锤、放大镜、钢板尺和焊缝量规检查。

注：d 为钢筋直径，单位为毫米（mm）。

（三）允许偏差项目

钢筋安装及预埋件位置的允许偏差和检验方法应符合表5-12的规定。

检查数量：同基本项目第1条规定。

钢筋安装及预埋件位置的允许偏差和检验方法 **表5-12**

项次	项目		允许偏差(mm)	检验方法
1	网的长度、宽度		±10	尺量检查
2	网眼尺寸	焊接	±10	尺量连续三档取其最大值
		绑扎	±20	
3	骨架的宽度、高度		±5	尺量检查
4	骨架的长度		±10	
5	受力钢筋	间距	±10	尺量两端中间各一点取其最大值
		排距	±5	
6	箍筋、构造筋间距	焊接	±10	尺量连续三档取其最大值
		绑扎	±20	
7	钢筋弯起点位移		20	尺量检查
8	焊接预埋件	中心线位移	5	
		水平高差	+3 −0	
9	受力钢筋保护层	基础	±10	
		梁柱	±5	
		墙板	±3	

三、混凝土工程

（一）保证项目

（1）混凝土所用的水泥、水、骨料、外加剂等必须符合施工规范和有关的规定。

检验方法：检查出厂合格证或试验报告。

水泥进场时，必须有出厂合格证书，并对其品种、包装（散装仓号）、出厂日期、批量进行检查验收。对水泥质量有怀疑或水泥出厂超过三个月（快硬硅酸盐水泥为一个月）时，应复查试验，主要复查强度和安定性，并按实验结果使用。水泥运输、存放应注意防潮。

骨料应符合《普通混凝土用砂质量标准及检验方法》和《普通混凝土用碎石或卵石质

量标准及检验方法》的规定。

粗骨料最大粒径不得大于结构截面的1/4，同时不得大于钢筋间最小净距的3/4。

砂的含泥量，配制成高于或等于C30的混凝土时不得超过3%；配制低于C30的混凝土时不得超过5%。

碎石或卵石的含泥量，配制成高于或等于C30的混凝土时不得超过1%；配制低于C30的混凝土时不得超过2%。

拌制混凝土宜采用饮用水。

外加剂应符合有关标准和使用要求，并经试验符合要求后方可采用。

(2) 混凝土的配合比、原材料计量、搅拌、养护和施工缝处理必须符合施工规范的规定。

检验方法：观察检查和检查施工记录。

混凝土的配合比经试验室确定后根据砂、石含水率换算成施工配合比，施工配合比还应根据砂、石含水率的变化及时调整。

混凝土的原材料应按重量计量。其允许计量误差为：

水、水泥、外加剂、外掺混合料：±2%。

粗、细骨料：±3%。

混凝土混合料搅拌时间一般控制在1～1.5min，搅拌时不得随意加水。

混凝土的养护方法有自然养护、蒸汽养护、电热法养护等。一般施工现场采用自然养护，混凝土浇筑完几小时后应加以覆盖和浇水养护。养护时间不得少于7昼夜，掺用缓凝剂或有抗渗要求的混凝土，不得少于14昼夜。

施工缝的位置宜留在结构受剪力较小且便于施工的部位。

施工缝处继续浇筑混凝土时，已浇筑的混凝土强度不应小于1.2MPa，浇筑前应清除混凝土表面上的水泥膜和松动石子或软弱的混凝土层，冲洗干净并不得有积水。在浇筑前，施工缝处宜先水泥浆或与混凝土成分相同的水泥砂浆一层。

(3) 评定混凝土强度的试块，必须按《混凝土强度检验评定标准》(GBJ107—87) 的规定取样、制作、养护和试验，其强度必须符合下列规定：

1) 用统计方法评定混凝土强度时，其强度应同时符合下列两式的规定：

$$m_{f_{ca}} - \lambda_1 S_{f_{cu}} \geqslant 0.9 f_{cu,k}$$

$$f_{cu,min} \geqslant \lambda_2 f_{cu,k}$$

2) 用非统计方法评定混凝土强度时，其强度应同时符合下列两式的规定：

$$m_{f_{cu}} \geqslant 1.15 f_{cu,k}$$

$$f_{cu,min} \geqslant 0.95 f_{cu,k}$$

式中 $m_{f_{cu}}$——同一验收批混凝土立方体抗压强度的平均值 (N/mm²)；

$S_{f_{uc}}$——同一验收批混凝土强度的标准差(N/mm²)，$\overline{R}$ 当 $S_{f_{cu}}$ 的计算值小于 $0.06f_{cu \cdot k}$ 时，取 $S_{f_{cu}} = 0.06 f_{cu,k}$；

$f_{cu,k}$——混凝土立方体强度标准值 (N/mm²)；

$f_{cu,min}$——同一验收批混凝土立方体抗压强度的最小值 (N/mm²)；

λ_1、λ_2——合格判定系数；按表5-13取用。

合格判定系数 **表 5-13**

合格判定系数	试块组数		
	10～14	15～24	≥25
λ_1	1.70	1.65	1.60
λ_2	0.90	0.85	0.85

混凝土强度应单位工程内同一验收批（指原材料和配合比基本一致）评定。但单位工程仅有一组试块时，其强度不应低于 $1.15f_{cu,k}$。

(4) 对设计不允许有裂缝的结构，严禁出现裂缝，设计允许出现裂缝的结构其裂缝宽度必须符合设计要求。

检验方法：观察或用刻度放大镜检查。

一般情况下预应力钢筋混凝土工程和地下室工程严禁出现裂缝，一般混凝土构件设计是允许裂缝的，但裂缝宽度不得超过设计规范允许值，如屋架、托架受拉构件、烟囱等 0.2mm，一般构件 0.3mm。

（二）基本项目

(1) 混凝土应振捣密实。每个检查件（处）的任何一处蜂窝面积应符合以下规定：

合格：梁、柱上一处不大于 1000cm²，累计不大于 2000cm²；基础、墙、板上一处不大于 2000cm²，累计不大于 4000cm²。

优良：梁、柱上一处不大于 200cm²，累计不大于 400cm²；基础、墙、板上一处不大于 400cm²，累计不大于 800cm²。

检查数量：按梁、柱和独立基础的件数各抽查 10%，但均不少于 3 件；带型基础、圈梁每 30～50m 抽查 1 处（每处 3～5m），但均不少于 3 处；墙和板按有代表性的自然间抽查 10%，礼堂、厂房等大间按两轴线为一间，墙每 4m 左右高为 1 个检查层，每面为 1 处，板每间为 1 处，但均不少于 3 处。

检验方法：尺量外露石子面积及深度。

注：蜂窝系指混凝土表面无水泥浆，露出石子深度大于 5mm，但小于保护层厚度的缺陷。

(2) 混凝土应振捣密实。孔洞面积每个检查件（处）的任何一处孔洞，其面积均应符合以下规定：

合格：梁、柱上一处不大于 40cm²，累计不大于 80cm²；基础、墙、板上一处不大于 100cm²，累计不大于 200cm²。

优良：无孔洞。

检查数量：同基本项目第 1 条的规定。

检验方法：凿去孔洞周围松动石子；尺量孔洞面积及深度。

注：孔洞系指深度超过保护层厚度，但不超过截面尺寸 1/3 的缺陷。

(3) 每个检查件（处）任何一根主筋露筋，长度均应符合以下规定：

合格：梁、柱上的露筋长度不大于 10cm，累计不大于 20cm；基础、墙、板上的露筋 20cm，累计不大于 40cm。

优良：无露筋。

检查数量：同基本项目第 1 条的规定。

检验方法：尺量钢筋外露长度。

注：露筋系指主筋没有被混凝土包裹而外露的缺陷，但梁端主筋锚固区内不允许有露筋。

（4）每个检查件（处）任何一处缝隙夹渣层长度、深度均应符合以下规定：

合格：梁、柱上的缝隙夹渣层长度和深度均不大于 5cm；基础、墙、板上的缝隙夹渣层长度不大于 20cm，深度不大于 5cm，且不多于二处。

优良：无缝隙夹渣层。

检查数量：同基本项目第 1 条的规定。

检查方法：凿去夹渣层，尺量缝隙长度和深度。

注：缝隙夹渣层系指施工缝处有缝隙或夹有杂物。

蜂窝、孔洞、露筋、缝隙夹渣层等缺陷，在装饰前应按施工规范的规定进行修整。

（三）允许偏差项目

现浇混凝土结构构件的允许偏差和检验方法应符合表 5-14 的规定。

现浇混凝土结构构件的允许偏差和检验方法　　表 5-14

项次	项目		允许偏差（mm）				检验方法
			单层多层	高层框架	多层大模	高层大模	
1	轴线位移	独立基础	10	10	10	10	尺量检查
		其他基础	15	15	15	15	
		柱、墙、梁	8	5	8	5	
2	标高	层高	±10	±5	±10	±10	用水准仪或尺量检查
		全高	±30	±30	±30	±30	
3	截面尺寸	基础	+15 −10	+15 −10	+15 −10	+15 −10	尺量检查
		柱、墙、梁	+8 −5	±5	+5 −2	+5 −2	
4	柱墙垂直度	每层	5	5	5	5	用 2m 托线板检查
		全高	$H/1000$ 且不大于 20	$H/1000$ 且不大于 30	$H/1000$ 且不大于 20	$H/1000$ 且不大于 30	用经纬仪或吊线和尺量检查
5	表面平整度		8	8	4	4	用2m靠尺和楔形塞尺检查
6	预埋钢板中心线位置偏移		10	10	10	10	尺量检查
7	预埋管、预留孔中心线位置偏移		5	5	5	5	
8	预埋螺栓中心线位置偏移		5	5	5	5	
9	预留洞中心线位置偏移		15	15	15	15	
10	电梯井	井筒长、宽对中心线	+25 −0	+25 −0	+25 −0	+25 −0	
		井筒全高垂直度	$H/1000$ 且不大于 30	$H/1000$ 且不大于 30	$H/1000$ 且不大于 30	$H/1000$ 且不大于 30	吊线和尺量检查

注：1. H 为柱、墙全高。

2. 滑模、升板等结构的检验应按专门规定执行。

混凝土分项工程质量检验评定表

表5-15

工程名称：××厂办公楼　　　　部位：主体一层框架柱

		项　　目	质　量　情　况
保证项目	1	混凝土所用的水泥、水、骨料、外加剂等必须符合施工规范和有关标准的规定	有水泥合格证及复试报告各1份，砂石试验单各1份
	2	混凝土的配合比、原材料计量、搅拌、养护和施工缝处理必须符合施工规范的规定	计量准确、搅拌、养护正常，无施工缝
	3	评定混凝土强度的试块，必须按《混凝土强度检验评定标准》(GBJ107—87)的规定取样、制作、养护和试验，其强度必须符合本标准第5.3.3条规定	C20试块2组，分别达到24.3N/mm² 和22.8N/mm²
	4	设计不允许有裂缝的结构，严禁出现裂缝；允许出现裂缝的结构其裂缝宽度必须符合设计要求	未发现有裂缝

		项　目	质量情况 1	2	3	4	5	6	7	8	9	10	等级
基本项目	1	蜂　窝	✓	✓	○	✓	✓	○	✓	✓	✓	○	优良
	2	孔　洞	✓	○	✓	✓	✓	✓	○	✓	✓	✓	优良
	3	主筋露筋	✓	✓	✓	✓	✓	✓	✓	✓	✓	✓	优良
	4	缝隙夹渣层	✓	✓	✓	✓	✓	✓	✓	✓	✓	✓	优良

		项　目		允许偏差(mm) 单层多层	高层框架	多层大模	高层大模	实测值(mm) 1	2	3	4	5	6	7	8	9	10
允许偏差项目	1	轴线位移	独立基础	10	10	10	10										
			基本基础	15	15	15	15										
			柱、墙、梁	8	5	8	5	6	7	7	4	8	3	2	⑨	3	2
	2	标　高	层　高	±10	±5	±10	±10										
			全　高	±30	±30	±30	±30										
	3	截面尺寸	基　础	+15−10	+15−10	+15−10	+15−10	+2	+4	+4	+1	−1	+5	+2	(+11)	+2	+4
			柱、墙、梁	+8−5	±5	+5−2	+5−2	0	(+10)	+3	+5	(+9)	0	+1	+7	+2	+3
	4	柱、墙垂直度	每　层	5	5	5	5	4 2	3 3	5 2	2 2	5 4	3 2	⑥ 3	3 2	2 3	4 3
			全　高	H/1000 且≯20	H/1000 且≯30	H/1000 且≯20	H/1000 且≯30										
	5	表面平整度		8	8	4	4	2 7	4 4	4 ⑨	6 8	7 5	6 2	5 4	2 3	1 2	3 2
	6	预埋钢板中心线位置偏移		10	10	10	10										
	7	预埋管、预留孔中心线位置偏移		5	5	5	5										
	8	预埋螺栓中心线位置偏移		5	5	5	5										
	9	预留洞中心线位置偏移		15	15	15	15										
	10	电梯井	井筒长、宽对中心线	+25 −0	+25 −0	+25 −0	+25 −0										
			井筒全高垂直度	H/1000 且≯30	H/1000 且≯30	H/1000 且≯30	H/1000 且≯30										

检查结果	保证项目	达到标准4项，未达到标准0项
	基本项目	检查4项，其中优良4项，优良率100%
	允许偏差项目	实测70点，其中合格64点，合格率91.4%

评定等级	优良	工程负责人：××× 工　　长：××× 班 组 长：×××	核定等级	优良 质量检查员：×××

注：1. H为柱、墙全高。　　　　××年×月×日

2. 滑模、升板等结构的检验应按专门规定执行。

3. 蜂窝、孔洞、露筋、缝隙夹渣层等缺陷，在装饰前应按施工规范规定进行修整。

检查数量：同基本项目第1条的规定。

四、混凝土工程质量检验评定举例

某厂办公楼，现浇钢筋混凝土框架结构，共六层，层高3.2m，建筑面积8488m²，该办公楼一层共有96根柱，现对底层混凝土进行分项工程质量检验评定。以柱为例。

混凝土浇筑应在模板、钢筋分项工程评定质量等级达到合格规定后进行，按规定抽取10%，共10根柱检查。应用随机抽样的方法，到现场实测前予以明确10根柱的位置。

（一）保证项目

（1）水泥采用425号普通硅酸盐水泥，有出厂合格证及复试报告各1份，质量指标符合规定，出厂日期到使用时未超过三个月；砂、石均符合质量标准要求，有砂、石试验报告各1份；水用饮用水，无外加剂。

（2）有配合比试验单1份、符合规定要求；现场计量器具设施完善准确，计量管理有效；搅拌、捣固符合要求；浇水养护，每日2次，符合要求；施工缝处理符合施工规范规定。

（3）混凝土设计强度等级C20，2组混凝土试块，其试压强度分别为24.3N/mm²、22.8N/mm²，符合施工规范要求。

（4）经检查柱子混凝土均无裂缝。

保证项目检查4项，均符合施工验收规范规定。

（二）基本项目

（1）蜂窝：检查10根柱，其中2根柱无蜂窝，5根柱有少许蜂窝，最大处不大于200cm²，每根柱累计也远小于400cm²，这7根评为优良；另外3根，每根有2～3处蜂窝，最大1处也小于1000cm²，每根累计面积均小于2000cm²，评为合格。优良率为7/10×100%＝70%＞50%，故该项目评为优良。

（2）孔洞：检查10根柱，其中8根柱无孔洞，为优良；有2根各有1处孔洞，但面积均小于40cm²，评为合格。优良率为8/10×100%＝80%＞50%，故该项目评为优良。

（3）露筋：10根柱上均无露筋，全部为优良，该项目评为优良。

（4）缝隙夹渣层：10根柱上均无缝隙夹渣层，全部为优良，该项目评为优良。

基本项目检查4项，优良率为100%，因此基本项目评为优良。

（三）允许偏差项目

实测70点，其中合格66点，合格率为：

66/70×100＝91.4%＞90%，所以允许偏差项目符合优良要求。

混凝土分项工程质量检验评定表见表5-15所示。

评定等级：优良。

第四节　砖石工程

本节适用于工业与民用建筑的砌砖和砌石工程的质量检验和评定。

本节中主要指标和要求是根据《砖石工程施工及验收规范》GBJ203—83（以下简称施工规范）的规定提出的。本节以砌砖工程为例。

一、砌砖工程

适应范围：普通砖、空心砖、灰砂砖和粉煤灰砖的砌体工程。

（一）保证项目

（1）砖的品种、标号必须符合设计要求。

检验方法：观察检查、检查出厂合格证或试验报告。

目前各地砖的质量不稳定，如达不到设计强度要求，几何尺寸不符合标准要求等，对砌体质量影响很大，为保证砌体质量，要求对进场的砖全数观察检查并取样复试，检查复试报告，砖的品种、标号必须符合设计的要求。

（2）砂浆品种必须符合设计要求，强度必须符合下列规定：

1）同品种、同标号砂浆各组试块的平均强度不小于 $f_{m,k}$；

2）任意一组试块的强度不小于 $0.75f_{m,k}$。

检验方法：检查试块试验报告。

砂浆的强度按单位工程内同品种、同强度等级砂浆为一验收批评定。同时规定，若仅有一组试块时，其强度不应低于 $f_{m,k}$。

砂浆标号以标准养护、龄期为 28d 的试块抗压强度试验结果为准，每一楼层（基础砌体可按一个楼层计）或 $250m^3$ 砌体中的各种标号的砂浆、每台搅拌机至少检查一次，每次至少制作一组（6 块）试块。

若试块采用自然养护应按施工规范附录一换算。

（3）砌体砂浆必须密实饱满，实心砖砌体水平灰缝的砂浆饱满度不小于 80%。

检查数量：每步架抽查不少于 3 处。

检验方法：用百格网检查砖底面与砂浆粘结痕迹面积，每处掀 3 块砖取其平均值。

砂浆的饱满度直接影响砖砌体的粘结、抗压强度和抗剪强度，因此要求其值不小于 80%，检查时应在砌筑层以下第二层取连续三块砖作为受检的一组。

（4）外墙的转角处严禁留直槎，其他临时间断处，留槎的做法必须符合施工规范的规定。

检验方法：观察检查。

留槎形式、方法和接槎质量对砌体抗压、抗剪强度有很大的影响，施工规范第 4.2.4 条至第 4.2.6 条对接槎有专门规定，检查应全数观察检查。

（二）基本项目

（1）砖砌体上下错缝应符合以下规定：

合格：砖柱、垛无包心砌法；窗间墙及清水墙面无通缝；混水墙每间（处）4～6 皮砖的通缝不超过 3 处。

优良：砖柱、垛无包心砌法；窗间墙及清水墙面无通缝；混水墙每间（处）无 4 皮砖的通缝。

检查数量：外墙，按楼层（或 4m 高以内）每 20m 抽查 1 处，每处 3 延长米，但不少于 3 处；内墙，按有代表性的自然间抽查 10%，但不少于 3 间。

检验方法：观察或尺量检查。

上下两皮砖搭接长度小于 25mm 即为通缝，通缝对抗剪极为不利，造成通缝的原因主要是排列不当和集中使用碎砖。

窗间墙是砖混结构的集中受力部位，而且截面较小，清水墙是从美观角度考虑，所以都不允许通缝。砖柱、垛包心砌法，其内部是严重通缝，所以不允许。

（2）砖砌体接槎应符合以下规定：

合格：接槎处灰浆密实，缝、砖平直，每处接槎部位水平灰缝厚度小于5mm或透亮的缺陷不超过10个。

优良：接槎处灰浆密实，缝、砖平直，每处接槎部位水平灰缝厚度小于5mm或透亮的缺陷不超过5个。

检查数量：同基本项目第1条的规定。

检验方法：观察或尺量检查。

检查时还应要求接槎处的表面清理干净，浇水湿润，并填实砂浆，保持灰缝平直、水平及竖向灰缝的厚度符合要求。

（3）预埋拉结钢筋应符合以下规定：

合格：数量、长度均应符合设计要求和施工规范规定，留置间距偏差不超过3皮砖。

优良：数量、长度均应符合设计要求和施工规范规定，留置间距偏差不超过1皮砖。

检查数量：同基本项目第1条的规定。

检验方法：观察或尺量检查。

施工规范规定：拉结钢筋的数量为每12cm墙厚放置1根直径6mm的钢筋；间距沿墙高不超过50cm。埋入长度从墙的留槎处算起，每边长度均不小于50cm，末端应有90°的弯钩。检查时，如有怀疑可剔除部分灰缝检查。

（4）留置构造柱应符合以下规定：

合格：留置位置应正确，大马牙槎先退后进；残留砂浆清理干净。

优良：留置位置应正确，大马牙槎先退后进；上下顺直；残留砂浆清理干净。

检查数量：同基本项目第1条规定。

检验方法：观察检查。

构造柱位置留置，应控制构造柱轴线偏移，上下层楼层之间轴线位移超差，有效断面减小；底部落地灰、碎砖、木屑等杂物不清理干净，会造成构造柱严重质量缺陷；大马牙槎应先退后进，高度不超过300mm，后退60mm。

（5）清水墙面应符合以下规定：

合格：组砌正确，刮缝深度适宜，墙面整洁。

优良：组砌正确，竖缝通顺，刮缝深度适宜、一致，楞角整齐，墙面清洁美观。

检查数量：同基本项目第1条规定。

检验方法：观察检查。

（三）允许偏差项目

砖砌体尺寸、位置的允许偏差和检验方法应符合表5-16的规定。

二、砌砖工程质量检验评定举例

某住宅小区5号住宅楼，5层砖混结构，建筑面积3679m²。每层面积为736m²，68间房，采用MU10砖，M5混合砂浆，评定第五层砌砖工程的质量等级。

（一）保证项目

（1）本工程使用MU10机制红砖，有出厂合格证1份，抗压强度、抗折强度及外观尺寸均符合设计要求。使用425号普通水泥有出厂合格证、复试报告各1份。

（2）本工程使用M5混合砂浆，有试验室做的配合比试配单1份；本层砌体约300m³，

砖砌体尺寸、位置的允许偏差和检验方法 表 5-16

<table>
<tr><th>项次</th><th colspan="3">项　　目</th><th>允许偏差
(mm)</th><th>检　验　方　法</th></tr>
<tr><td>1</td><td colspan="3">轴线位置偏移</td><td>10</td><td>用经纬仪或拉线和尺量检查</td></tr>
<tr><td>2</td><td colspan="3">基础和墙砌体顶面标高</td><td>±15</td><td>用水准仪和尺量检查</td></tr>
<tr><td rowspan="3">3</td><td rowspan="3">垂 直 度</td><td colspan="2">每　　层</td><td>5</td><td>用 2m 托线板检查</td></tr>
<tr><td rowspan="2">全　高</td><td>≤10m</td><td>10</td><td rowspan="2">用经纬仪或吊线和尺量检查</td></tr>
<tr><td>>10m</td><td>20</td></tr>
<tr><td rowspan="2">4</td><td rowspan="2">表　面
平 整 度</td><td colspan="2">清水墙、柱</td><td>5</td><td rowspan="2">用 2m 靠尺和楔形塞尺检查</td></tr>
<tr><td colspan="2">混水墙、柱</td><td>8</td></tr>
<tr><td rowspan="2">5</td><td rowspan="2">水平灰缝
平 直 度</td><td colspan="2">清水墙</td><td>7</td><td rowspan="2">拉 10m 线和尺量检查</td></tr>
<tr><td colspan="2">混水墙</td><td>10</td></tr>
<tr><td>6</td><td colspan="3">水平灰缝厚度（10 皮砖累计数）</td><td>±8</td><td>与皮数杆比较尺量检查</td></tr>
<tr><td>7</td><td colspan="3">清水墙面游丁走缝</td><td>20</td><td>吊线和尺量检查，以底层第一皮砖为准</td></tr>
<tr><td rowspan="2">8</td><td colspan="2" rowspan="2">门窗洞口（后塞口）</td><td>宽　　度</td><td>±5</td><td rowspan="2">尺量检查</td></tr>
<tr><td>门口高度</td><td>+15、(−5)</td></tr>
<tr><td>9</td><td colspan="3">预留构造柱截面（宽度、深度）</td><td>±10</td><td>尺量检查</td></tr>
<tr><td>10</td><td colspan="3">外墙上下窗口偏移</td><td>20</td><td>用经纬仪或吊线检查以底层窗口为准</td></tr>
</table>

注：每层垂直度偏差大于 15mm 时，应进行处理。

按规定留置 2 组试块，强度分别达到设计强度的 112%和 124%，有砂浆试块试验报告 1 份。

(3) 水平缝砂浆饱满度，每步架取 3 处，共检查 6 处，均达到 80%以上，最好的一组为 92%，最少的一组为 81%，均符合设计要求。

(4) 外墙留斜槎，其他留阳槎，并按施工规范规定设置拉结钢筋。

保证项目检查 4 项，均符合施工验收规范规定。

(二) 基本项目

(1) 错缝：检查 10 处，7 处达到优良，3 处合格。优良率为 7/10×100%=70%>50%，故该项评为优良。

(2) 接槎：检查 10 处，均为优良，故该项评为优良。

(3) 预埋拉结筋：检查 10 处，3 处达到优良，7 处合格。优良率为 3/10×100%=30%<50%，故该项评为合格。

(4) 构造柱：检查 10 处，5 处达到优良，5 处合格。优良率 5/10×100%=50%，故该项评为优良。

基本项目检查 4 项，优良率为 75%，因此基本项目评为优良。

(三) 允许偏差项目

实测 90 点，其中合格 83 点，合格率为：92.2%，所以允许偏差项目符合优良要求。

砌砖分项工程质量检验评定表见表 5-17 所示。

评定等级：优良。

砌砖分项工程质量检验评定表 表 5-17

工程名称：××小区5号住宅楼　　　　部位：五层

		项　　目	质　量　情　况
保证项目	1	砖的品种、强度等级必须符合设计要求	MU10 机红砖，有出厂合格证
	2	砂浆品种必须符合设计要求，强度必须符合验评标准的规定	M5 混合砂浆，有试配单，2组试块分别达设计强度的112%和124%
	3	砌体砂浆必须密实饱满，实心砖砌体水平灰缝的砂浆饱满度不小于80%	砂浆饱满度 81.84、92、89、88、89
	4	外墙的转角处严禁留直槎，其他临时间断处，留槎的做法必须符合施工规范的规定	外墙留斜槎，其余留阳槎，设拉结钢筋

		项　目	质量情况 1	2	3	4	5	6	7	8	9	10	等　级
基本项目	1	错　缝	✓	✓	✓	✓	✓	✓	○	○	○	✓	优良
	2	接　槎	✓	✓	✓	✓	✓	✓	✓	✓	✓	✓	优良
	3	拉结筋	○	○	○	✓	○	✓	○	○	○	✓	合格
	4	构造柱	○	○	✓	✓	○	○	✓	✓	✓	○	优良
	5	清水墙面											

		项　　目		允许偏差(mm)	实测值(mm) 1	2	3	4	5	6	7	8	9	10
允许偏差项目	1	轴线位移		10	3	5	5	9	10	10	8	2	5	5
	2	基础和墙砌体顶面标高		±15	−3	−5	−2	0	+2	+3	−10	(−16)	−10	−6
	3	垂直度	每层	5	4	⑦	5	1	4	0	⑥	3	2	1
		垂直度 全高	≤10m	10										
		垂直度 全高	>10m	20										
	4	表面平整度	清水墙、柱	5										
		表面平整度	混水墙、柱	8	2	3	6	8	⑩	4	6	5	2	5
	5	水平灰缝平直度	清水墙	7										
		水平灰缝平直度	混水墙	10	6	8	10	10	8	8	9	6	4	4
	6	水平灰缝厚度（10皮砖累计）		±8	−4	−6	−8	−6	(−10)	−1	0	+1	+2	−1
	7	清水墙面游丁走缝		20										
	8	门窗洞口（后塞口）	宽度	±5	+2	+4	+5	+5	+1	0	+1	+2	0	(+7)
		门窗洞口（后塞口）	门口高度	+15 −5	+10	+13	+8	+10	+5	+12	+10	+11	+8	+10
	9	预留构造柱截面	（宽度、深度）	±10	+5	+1	0	0	+6	−7	+4	(+15)	+6	+9
	10	外墙上下窗口偏移		20										

检查结果	
保证项目	达到标准4项，未达到标准0项
基本项目	检查4项，其中优良3项，优良率75%
允许偏差项目	实测90点，其中合格83点，合格率92.2%

评定等级		核定等级
优良	工程负责人：××× 工　　长：××× 班　组　长：×××	优良 质量检查员：×××

注：每层垂直度偏差大于15mm时，应进行处理。　　　　××年×月×日

第五节　地面与楼面工程

本节适用于工业与民用建筑地面与楼面工程以及厂区和住宅区道路工程的质量检验和评定。

本节的主要指标和要求是根据《地面与楼面工程施工及验收规范》(GBJ209—83)（以下简称施工规范）的规定提出的。

本节以整体楼、地面工程为例。

一、整体楼、地面工程

适用范围：细石混凝土、混凝土、水泥砂、浆、沥青混凝土、沥青砂浆、水磨石，碎拼大理石、菱苦土和钢屑水泥等整体楼、地面工程。

检查数量:各种面层应按有代表性的自然间抽查10%,其中过道按10延长米;礼堂、厂房等大间按两轴线为1间;楼梯踏步、台阶按每层梯段为1处,但均不应少于3间(处)。

（一）保证项目

(1) 各种面层的材质、强度（配合比）和密实度必须符合设计要求和施工规范规定。

检验方法：检查试验报告和测定记录。

面层材质强度（配合比)、密实度等是影响整体楼、地面工程质量的主要因素，除必须符合设计要求外，还应符合施工规范的规定，如规范规定混凝土不低于C20，水泥标号不低于425号，坍落度不大于3cm，水泥砂浆配合比不低于1∶2，稠度不大于3.5cm，菱苦土按抗渗强度评定，沥青砂浆和沥青混凝土以密实度、空隙率评定。

(2) 面层与基层的结合必须牢固无空鼓。

检验方法：用小锤轻击检查。

考虑到完全消除空鼓困难，鉴于少量和小面积的空鼓，无裂纹，若以返修会影响四周质量和造成颜色不一，所以规定在一个检查范围内空鼓面积不大于400cm^2，无裂纹且不超过2处者可不计。

（二）基本项目

(1) 整体楼、地面工程面层表面质量应符合下列规定：

1) 细石混凝土、混凝土、钢屑水泥和菱苦土面层

合格：表面密实压光，无明显裂纹、脱皮、麻面和起砂等缺陷。

优良：表面密实压光，无裂纹、脱皮、麻面和起砂等现象。

2) 水泥砂浆面层

合格：表面无明显脱皮和起砂等缺陷，局部虽有少数细小收缩裂纹和轻微麻面，但其面积不大于800cm^2，且在一个检查范围内不多于2处。

优良：表面洁净，无裂纹、脱皮、麻面和起砂等现象。

3) 水磨石面层

合格：表面基本光滑，无明显裂纹和砂眼；石粒密实，分格条牢固。

优良：表面光滑；无裂纹、砂眼和磨纹；石粒密实，显露均匀；颜色图案一致、不混色；分格条牢固，顺直和清晰。

4) 碎拼大理石面层

合格：颜色协调，无明显裂缝和坑洼。

优良：颜色协调；间隙适宜；磨光一致，无裂缝、坑洼和磨纹。

5）沥青混凝土、沥青砂浆面层

合格：表面密实，无裂缝。

优良：表面密实，无裂缝、蜂窝等现象。

检验方法：观察检查。

（2）地漏和供排除液体用的带有坡度的面层应符合以下规定：

合格：坡度满足排除液体要求，不倒泛水、无渗漏。

优良：坡度符合设计要求，不倒泛水，无渗漏，无积水；与地漏（管道）结合处严密平顺。

检验方法：观察或泼水检查。

（3）踢脚线的质量应符合以下规定：

合格：高度一致；与墙面结合牢固，局部空鼓长度不大于 400mm，且在一个检查范围内不多于 2 处。

优良：高度一致，出墙厚度均匀；与墙面结合牢固，局部空鼓长度不大于 200mm，且在一个检查范围内不多于 2 处。

检验方法：用小锤轻击、尺量和观察检查。

（4）楼梯踏步和台阶应符合以下规定：

合格：相邻两步宽度和高度差不超过 20mm；齿角基本整齐，防滑条顺直。

优良：相邻两步宽度和高度差不超过 10mm；齿角整齐，防滑条顺直。

检验方法：观察或尺量检查。

（5）楼地面镶边应符合以下规定：

合格：各种面层邻接处的镶边用料及尺寸符合设计要求和施工规范规定。

优良：各种面层邻接处的镶边用料及尺寸符合设计要求和施工规范规定；边角整齐光滑，不同颜色的邻接处不混色。

检验方法：观察或尺量检查。

（三）允许偏差项目

整体楼、地面面层的允许偏差和检验方法应符合表 5-18 的规定。

整体楼、地面面层的允许偏差和检验方法 **表 5-18**

项次	项目	允许偏差（mm）							检验方法
		细石混凝土、混凝土（原浆抹面）	水泥砂浆	沥青混凝土、沥青砂浆	普通水磨石	高级水磨石	碎拼大理石	钢屑水泥菱苦土	
1	表面平整度	5	4	4	3	2	3	4	用 2m 靠尺和楔形塞尺检查
1	踢脚线上口平直	4	4	4	3	3	—	—	拉 5m 线，不足 5m 拉通线和尺量检查
3	缝格平直	3	3	3	3	2	—	3	

二、整体楼、地面工程质量检验评定举例

某小区 3 号住宅楼，6 层砖混结构，每层水泥砂浆地面 42 间，现对第 3 层整体楼、地面分项工程进行质量检验评定。

该住宅楼第 3 层水泥砂浆地面共 42 间，按规定抽取 10%，共 5 间进行检查。检查前先

用随机抽样的方法，在施工平面图上预先确定出实测房间的位置。

（一）保证项目

(1)水泥采用 425 号普通硅酸盐水泥，有出厂合格证 1 份，现场复试报告 1 份；砂为中砂，质量符合要求；水用饮用水。配合比为：水泥比砂 1∶2(体积比)，有参考配合比 1 份。

(2) 面层与基层粘结牢固，无空鼓、无裂纹。

保证项目检查 2 项，均符合施工验收规范规定。

（二）基本项目

(1) 水泥砂浆地面共检查 10 处，其中优良 7 处，合格 3 处，优良率 7/10×100％＝70％＞50％，故该项评为优良。

(2) 踢脚线检查 10 处，其中优良 5 处，合格 5 处，优良率 5/10×100％＝50％，故该项评为优良。

基本项目检查 2 项，均为优良，因此基本项目评为优良。

（三）允许偏差项目

实测 20 点，其中合格 17 点，合格率为 85％，故允许偏差项目符合合格要求。

整体楼、地面分项工程质量检验评定表见 5-19 所示。

评定等级：合格。

整体楼、地面分项工程质量检验评定表 **表 5-19**

工程名称：××小区 3 号住宅楼　　部位：第 3 层水泥砂浆地面

保证项目		项目	质量情况
	1	各种面层的材质、强度（配合比）和密实度必须符合设计要求和施工规范规定	水泥砂浆材质、强度、密实度均符合设计要求和施工规范规定
	2	面层与基层的结合必须牢固无空鼓	面层与基层粘结牢固、无空鼓，无裂纹

基本项目		项目	质量情况 1	2	3	4	5	6	7	8	9	10	等级
	1	面层	✓	✓	✓	✓	✓	○	○	✓	✓	○	优良
	2	地漏及泛水											
	3	踢脚线	✓	○	○	✓	✓	✓	○	✓	○	○	优良
	4	踏步、台阶											
	5	镶边											

允许偏差项目		项目	允许偏差(mm) 细石混凝土、混凝土（原浆抹面）	水泥砂浆	沥青砂浆 沥青混凝土	普通水磨石	高级水磨石	碎拼大理石	钢屑水泥 菱苦土	实测值(mm) 1	2	3	4	5	6	7	8	9	10
	1	表面平整度	5	4	4	3	2	3	4	4	⑦	3	2	3	⑧	4	2	3	3
	2	踢脚线上口平直	4	4	4	3	3	—	—	3	2	3	1	1	3	⑤	3	2	2
	3	缝格平直	3	3	3	3	2	—	3										

检查结果		
	保证项目	达到标准 2 项，未达到标准 0 项
	基本项目	检查 2 项，其中优良 2 项，优良率 100％
	允许偏差项目	实测 20 点，其中合格 17 点，合格率 85％

评定等级		核定等级	
合格	工程负责人：××× 工　　长：××× 班　组　长：×××		合格 质量检查员：×××

××年×月×日

第六节 门 窗 工 程

本节适用于木门窗制作和木门窗、钢门窗、铝合金门窗安装工程的质量检验和评定。

本节主要指标和要求是根据《木结构工程施工及验收规范》(GBJ206—83)(以下简称施工规范)、《钢窗检验规则》(GB5827.1～5827.2—86)的规定提出的。

本节以木门窗安装工程为例。

一、木门窗安装工程

适用范围：木门窗安装工程

检查数量：按不同规格和类型的樘数，各抽查5%，但均不少于3樘。

(一) 保证项目

(1) 门窗框安装位置必须符合设计要求。

检验方法：观察或尺量检查。

主要核查门窗框的标高、与墙体的相对尺寸、与墙面是外平还是内平或墙身中某位置，还应检查开启方向是否正确。

(2) 门窗框必须安装牢固，固定点符合设计要求和施工规范的规定。

检验方法：观察和用手推拉检查。

门窗框每边固定点不少于2处，间距不应大于1.2m；木砖、木框与墙体接触面应进行防腐处理，详见施工规范第4.2.6条规定。

(二) 基本项目

(1) 门窗框与墙体间需填塞保温材料时应符合以下规定：

合格：基本填塞饱满。

优良：填塞饱满、均匀。

检验方法：观察检查。

(2) 门窗扇安装应符合以下规定：

合格：裁口顺直、刨面平整，开关灵活，无倒翘。

优良：裁口顺直、刨面平整光滑，开关灵活、稳定，无回弹和倒翘。

检验方法：观察和开关检查。

裁口顺直是指门窗扇的高低缝是否顺直。

刨面平整指门窗扇高宽四周安装涉及的面，为达到留缝符合要求，刨的面应平整、光滑，并倒去棱角，使其边角整齐。

开关灵活是指门窗扇不允许在开关过程中与框、地面、扇与扇之间存在碰擦现象。

倒翘指门窗扇关闭后，出现上部、下部或某个角未能与框上的裁口表面平齐或扇与扇相邻边不平齐的现象。

稳定指门窗扇安装好后在没有外力（含风力）作用下无自关或自开的现象。

回弹指门窗扇关闭后不采取措施即自动开启的现象。

(3) 门窗小五金安装应符合以下规定：

合格：位置适宜，槽边整齐；小五金齐全，规格符合要求，木螺丝拧紧。

优良：位置适宜，槽深一致，边缘整齐，尺寸准确。小五金安装齐全，规格符合要求，木螺丝拧紧卧平，插销关启灵活。

检验方法：观察、尺量，用螺丝刀拧试和开闭检查。

(4) 门窗披水、盖口条、压缝条、密封条的安装应符合以下规定：

合格：尺寸一致，与门窗结合牢固严密。

优良：尺寸一致，平直光滑，与门窗结合牢固严密，无缝隙。

检验方法：观察和尺量检查。

(三) 允许偏差项目

木门窗安装的允许偏差、留缝宽度和检验方法应符合表5-20的规定。

木门窗安装的允许偏差、留缝宽度和检验方法　　表5-20

<table>
<tr><th rowspan="2">项次</th><th rowspan="2" colspan="2">项　　目</th><th colspan="2">允许偏差留缝宽度 (mm)</th><th rowspan="2">检 验 方 法</th></tr>
<tr><th>Ⅰ级</th><th>Ⅱ、Ⅲ级</th></tr>
<tr><td>1</td><td colspan="2">框的正、侧面垂直度</td><td colspan="2">3</td><td>用1m托线板检查</td></tr>
<tr><td>2</td><td colspan="2">框对角线长度差</td><td>2</td><td>3</td><td>尺量检查</td></tr>
<tr><td>3</td><td colspan="2">框与扇、扇与扇接触处高低差</td><td colspan="2">2</td><td>用直尺和楔形塞尺检查</td></tr>
<tr><td>4</td><td colspan="2">门窗扇对口和扇与框间留缝宽度</td><td colspan="2">1.5～2.5</td><td rowspan="2">用楔形塞尺检查</td></tr>
<tr><td>5</td><td colspan="2">工业厂房双扇大门对口留缝宽度</td><td colspan="2">2～5</td></tr>
<tr><td>6</td><td colspan="2">框与扇上缝留缝宽度</td><td colspan="2">1.0～1.5</td><td rowspan="9">用楔形塞尺检查</td></tr>
<tr><td>7</td><td colspan="2">窗扇与下坎间留缝宽度</td><td colspan="2">2～3</td></tr>
<tr><td rowspan="4">8</td><td rowspan="4">门扇与地面间留缝宽度</td><td>外　门</td><td colspan="2">4～5</td></tr>
<tr><td>内　门</td><td colspan="2">6～8</td></tr>
<tr><td>卫生间门</td><td colspan="2">10～12</td></tr>
<tr><td>厂房大门</td><td colspan="2">10～20</td></tr>
<tr><td rowspan="2">9</td><td rowspan="2">门扇与下坎间留缝宽度</td><td>外　门</td><td colspan="2">4～5</td></tr>
<tr><td>内　门</td><td colspan="2">3～5</td></tr>
</table>

二、木门窗安装工程质量检验评定举例

某机关办公楼，5层砖混结构，每层木门18樘，共计90樘，现对该分项工程进行质量检验评定。

按规定，用随机抽样的方法，实测前确定总樘数5%，即5樘作为检查对象。

(一) 保证项目

(1) 门框安装位置符合设计要求。

(2) 门框安装牢固，每边由三皮木砖固定，均进行防腐处理，符合设计要求和施工规范规定。

保证项目检查2项，均符合施工验收规范规定。

(二) 基本项目

(1) 门扇安装：检查10处，其中9处优良，1处合格，优良率为9/10×100%=90%>50%，故该项目评为优良。

(2) 门小五金安装：检查10处，其中8处优良，2处合格，优良率为8/10×100%=80%>50%，故该项目评为优良。

基本项目检查2项，均为优良，因此基本项目评为优良。

(三) 允许偏差项目

实测35点，其中合格30点，合格率为：30/35×100%=85.7%<90%，所以允许偏

差项目符合合格要求。

木门分项工程质量检验评定表见表 5-21 所示。

评定等级：合格。

木门窗安装分项工程质量检验评定表 **表5-21**

工程名称：××局办公楼　　　　部位：木门安装

保证项目		项目	质量情况
	1	门窗框安装位置必须符合设计要求	门框安装位置符合设计要求
	2	门窗框必须安装牢固，固定点符合设计要求和施工规范规定	门框安装牢固，固定点符合设计要求和施工规范规定

基本项目		项目	质量情况 1	2	3	4	5	6	7	8	9	10	等级
	1	框与墙体间填塞保温材料											
	2	门窗扇安装	✓	✓	✓	✓	✓	✓	✓	✓	○	✓	优良
	3	小五金安装	✓	✓	✓	✓	○	✓	✓	✓	✓	○	优良
	4	坡水、盖口条、压缝条、密封条											

允许偏差项目		项目		允许偏差、留缝宽度（mm）Ⅰ级	Ⅱ级 Ⅲ级	实测值（mm）1	2	3	4	5	6	7	8	9	10
	1	框的正、侧面垂直度		3		2	④	1	0	2	3	2	3	2	2
	2	框对角线长度差		2	3	1	2	2	0	④					
	3	框与扇、扇与扇接触处高低差		2		1	2	2	1	2					
	4	门窗扇对口和扇与框间留缝宽度		1.5～2.5		2	2.5	2	2.5	③					
	5	工业厂房双扇大门对口留缝宽度		2～5											
	6	框与扇上缝留缝宽度		1.0～1.5		1.5	1.5	1	1.5	②					
	7	窗扇与下坎间留缝宽度		2～3											
	8	门扇与地面间留缝宽度	外门	4～5											
			内门	6～8		8	7	⑨	6	8					
			卫生间门	10～12											
			厂房大门	10～20											
	9	门扇与下坎间留缝宽度	外门	4～5											
			内门	3～5											

检查结果		
	保证项目	达到标准 2 项，未达到标准 0 项
	基本项目	检查 2 项，其中优良 2 项，优良率 100%
	允许偏差项目	实测 35 点，其中合格 30 点，合格率 85.7%

评定等级	合格	工程负责人：××× 工长：××× 班　组　长：×××	核定等级	合格 质量检查员：×××

××年×月×日

第七节 装 饰 工 程

本节适用于工业与民用建筑的室外和室内墙面、顶棚等装饰工程的质量检验和评定。

本节主要指标及要求是根据《建筑装饰工程施工及验收规范》(JGJ73—91)(以下简称施工规范)的规定提出的。

装饰工程所选用材料的品种、规格、颜色和图案，必须符合设计要求和现行材料标准的规定，材料进场后应验收，对质量发生怀疑时，应抽样检验，合格后方可使用。

本节以一般抹灰工程为例。

一、一般抹灰工程

适用范围：石灰砂浆、水泥混合砂浆、水泥砂浆、聚合物水泥砂浆、膨胀珍珠岩水泥砂浆和麻刀石灰、纸筋石灰、石膏灰等一般抹灰工程。抹灰的等级应符合设计要求。

检查数量：室外：以 4m 左右高为一检查层，每 20m 长抽查 1 处（每处 3 延长米），但不少于 3 处；室内，按有代表性的自然间抽查 10%，过道按 10 延长米；礼堂、厂房等大间可按两轴线为 1 间，但不少于 3 间。

（一）保证项目

各抹灰层之间及抹灰层与基体之间必须粘结牢固，无脱层、空鼓，面层无爆灰和裂缝（风缝除外）等缺陷。

检验方法：用小锤轻击和观察检查。

对于有空鼓声的而不裂缝的面积不大于 $200cm^2$ 者可不计。对于有大于 $200cm^2$ 的严重空鼓必须铲除进行局部处理。对面层有爆灰和裂缝缺陷的必须返工。

（二）基本项目

(1) 一般抹灰表面应符合下列规定：

1）普通抹灰

合格：大面光滑，接槎平顺。

优良：表面光滑、洁净，接槎平整。

2）中级抹灰

合格：表面光滑、接槎平整、线角顺直（毛面纹路基本均匀）。

优良：表面光滑、洁净，接槎平整，线角顺直清晰（毛面纹路均匀）。

3）高级抹灰

合格：表面光滑、洁净，颜色均匀，线角和灰线平直方正。

优良：表面光滑、洁净、颜色均匀，无抹纹，线角和灰线平直方正，清晰美观。

检验方法：观察和手摸检查。

(2) 孔洞、槽、盒和管道后面的抹灰表面应符合以下规定：

合格：尺寸正确，边缘整齐；管道后面平顺。

优良：尺寸正确、边缘整齐、光滑；管道后面平整。

检验方法：观察检查。

(3) 护角和门窗框与墙体间缝隙的填塞质量应符合以下规定：

合格：护角材料、高度符合施工规范规定；门窗框与墙体间缝隙填塞密实。

优良：护角符合施工规范规定、表面光滑平顺；门窗框与墙体间缝隙填塞密实，表面平整。

检验方法：观察、用小锤轻击或尺量检查。

(4) 分格条（缝）的质量应符合以下规定：

合格：宽度、深度基本均匀，楞角整齐，横平竖直。

优良：宽度、深度均匀，平整光滑，楞角整齐，横平竖直、通顺。

检验方法：观察检查。

(5) 滴水线和滴水槽的质量应符合以下规定：

合格：滴水线顺直；滴水槽深度、宽度均不小于 10mm。

优良：流水坡向正确；滴水线顺直；滴水槽深度、宽度均不小于 10mm，整齐一致。

检验方法：观察或尺量检查。

(三) 允许偏差项目

一般抹灰的允许偏差和检验方法应符合表 5-22 的规定。

一般抹灰的允许偏差和检验方法　　表 5-22

项次	项　目	允许偏差（mm）			检　验　方　法
		普通	中级	高级	
1	表面平整	5	4	2	用 2m 靠尺和楔形塞尺检查
2	阴、阳角垂直	—	4	2	用 2m 托线板检查
3	立面垂直	—	5	3	
4	阴、阳角方正	—	4	2	用方尺和楔形塞尺检查
5	分格条（缝）平直	—	3	—	拉 5m 线和尺量检查

注：1. 外墙一般抹灰，立面总高度的垂直偏差应符合现行《砖石工程施工及验收规范》、《混凝土结构工程施工及验收规范》和《装配式大板居住建筑结构设计和施工规程》的有关规定。
2. 中级抹灰，本表第 4 项阴角方正可不检查。
3. 顶棚抹灰，本表第 1 项表面平整可不检查，但应平顺。

二、一般抹灰工程质量检验评定举例

某住宅楼，6 层砖混结构，采用水泥混合砂浆中级抹灰（室内），每层 46 个房间，现对其第 3 层室内一般抹灰工程进行质量检验评定。

按规定，实测前先随机抽样确定检查对象位置，按房间总数的 10%，即 5 个房间的具体位置。

(一) 保证项目

各持灰层之间及抹灰层与基体之间粘结牢固，无脱层、空鼓，面层无爆灰和裂缝。

水泥采用 425 号普通硅酸盐水泥，有出厂合格证和现场复试报告，使用时距出厂时间不超过三个月，中砂质量符合质量要求，石灰熟化时间超过半个月。水泥石灰砂浆配合比符合设计要求，有参考配合比 1 份。

保证项目检查 2 项，均符合施工验收规范规定。

(二) 基本项目

(1) 表面：检查 10 处，其中优良 9 处，合格 1 处，优良率 9/10×100%＝90%＞50%，故该项目评为优良。

(2) 孔洞、管后：检查10处，其中优良6项，合格4项，优良率6/10×100%＝60%＞50%，故该项评为优良。

(3) 护角嵌缝：检查10处，其中优良5项，合格5项，优良率5/10×100%＝50%，故该项评为优良。

基本项目检查3项，优良率为100%，因此基本项目评为优良。

（三）允许偏差项目

实测40点，其中合格37点，合格率为：

37/40×100%＝92.5%＞90%，所以允许偏差项目符合优良要求。

一般抹灰分项工程质量检验评定表见5-23所示。

一般抹灰分项工程质量检验评定表（室内） **表5-23**

工程名称：××住宅楼　　　　部位：第3层室内抹灰

保证项目	项目	质量情况
	材料的品种、质量必须符合设计要求。各抹灰层之间及抹灰层与基体之间必须粘结牢固，无脱层、空鼓，面层无爆灰和裂缝（风裂除外）等缺陷	砂浆配合比，水泥、中砂、质量符合设计要求及标准规定 各层粘结牢固、无脱层空鼓、爆灰和裂缝

基本项目		项目	质量情况										等级
			1	2	3	4	5	6	7	8	9	10	
	1	表面	✓	✓	✓	✓	✓	○	✓	✓	✓	✓	优良
	2	孔洞、槽、盒和管道后抹灰表面	✓	✓	✓	✓	○	✓	✓	○	○	○	优良
	3	护角、门窗框与墙体间缝隙	✓	○	✓	○	✓	✓	○	✓	○	○	优良
	4	分格条（缝）											

允许偏差项目		项目	允许偏差（mm）			实测值（mm）									
			普通	中级	高级	1	2	3	4	5	6	7	8	9	10
	1	表面平整	5	4	2	3	2	3	⑤	3	4	1	2	2	4
	2	阴、阳角垂直	—	4	2	4	3	3	4	4	3	3	⑥	4	3
	3	立面垂直	—	5	3	3	2	0	4	3	5	1	3	2	2
	4	阴、阳角方正	—	4	2	3	2	⑤	2	3	3	3	4	1	1
	5	分格条（缝）平直	—	3	—										

检查结果	项目	结果
	保证项目	达到标准2项，未达到标准0项
	基本项目	检查3项，其中优良3项，优良率100%
	允许偏差项目	实测40点，其中合格37点，合格率92.5%

评定等级		核定等级	
	优良　工程负责人：××× 工　　长：××× 班　组　长：×××		优良 质量检查员：×××

××年××月×日

第八节　屋面工程

本节适用于工业与民用建筑的平面和坡屋面的保温、防水及排水工程质量检验和评定。

本节的主要指标和要求是根据《屋面工程技术规范》(GB50207—94)（以下简称施工规范）的规定提出的。

本节以屋面卷材防水工程为例。

一、屋面卷材防水工程

适用范围：以沥青胶结材料铺贴的卷材防水屋面工程。

检查数量：按铺贴面积每 $100m^2$ 抽查 1 处，每处 $10m^2$，但不少于 3 处。

（一）保证项目

（1）油毡卷材和胶结材料的品种、标号及玛瑺脂配合比，必须符合设计要求和施工规范规定。

检验方法：观察和检查产品出厂合格证、配合比和试验报告。

（2）屋面卷材防水层，严禁有渗漏现象。

检验方法：雨后或泼水观察检查。

检查后，发现有渗漏现象必须立即返工。返工后重新进行检查。

（二）基本项目

（1）卷材防水层的表面平整度应符合以下规定：

合格：基本符合排水要求，无明显积水现象。

优良：符合排水要求，无积水现象。

检验方法：观察检查。

屋面局部和水深度如小于 5mm，可视为无明显积水。如严重积水，应从找平层开始进行局部整修。

（2）卷材铺贴的质量应符合以下规定：

合格：冷底子油涂刷均匀，铺贴方法、压接顺序和搭接长度基本符合施工规范规定，粘贴牢固，无滑移、翘边缺陷。

优良：冷底子油涂刷均匀，铺贴方法、压接顺序和搭接长度符合施工规范规定，粘结牢固，无滑移、翘边、起泡、皱折等缺陷。

检验方法：观察检查。

（3）泛水、檐口及变形缝的做法应符合以下规定：

合格：粘贴牢固，封盖严密；卷材附加层、泛水立面收头等做法基本符合施工规范规定。

优良：粘贴牢固，封盖严密；卷材附加层、泛水立面收头等做法符合施工规范规定。

检验方法：观察检查。

（4）卷材屋面保护层应符合下列规定：

1）绿豆砂保护层

合格：粒径符合施工规范规定，筛洗干净，撒铺均匀，粘结牢固。

优良：粒径符合施工规范规定，筛洗干净，预热干燥，撒铺均匀，粘结牢固，表面清洁。

检验方法：观察和手拨检查。

2）板材和整体保护层

按《建筑工程质量检验评定标准》(GBJ301—88）第九章第二节、第三节有关规定进行检验和评定。

（5）排汽屋面孔道的留设应符合以下规定：

合格：排汽道纵横贯通，排汽孔安装牢固，封闭严密。

优良：排汽道纵横贯通，无堵塞；排汽孔安装牢固，位置正确，封闭严密。

检验方法：观察检查。

（6）水落口及变形缝、檐口等处薄钢板的安装应符合以下规定：

合格：各种配件均安装牢固，并涂刷防锈漆。

优良：安装牢固，水落口平正，变形缝、檐口等处薄钢板安装顺直、防锈漆涂刷均匀。

检验方法：观察和手扳检查。

（三）允许偏差项目

卷材防水层的允许偏差和检验方法应符合表 5-24 的规定。

卷材防水层的允许偏差和检验方法 **表 5-24**

项次	项目	允许偏差	检验方法
1	卷材搭接宽度	−10mm	尺量检查
2	玛琋脂软化点	±5℃	检查铺贴时的测试记录
3	沥青胶结材料使用温度	−10℃	检查铺贴时的测试记录

二、屋面卷材防水工程质量检验评定举例

某公司办公楼，屋面面积 468m²，采用三毡四油卷材防水屋面，现对该屋面卷材防水分项工程进行质量检验评定。

按规定每 100m² 屋面抽查 1 处，共抽查 5 处，每处 10m²。

（一）保证项目

（1）油毡采用 350 号石油沥青粉毡，沥青采用 30 号建筑石油沥青和 60 号道路石油沥青，品种、标号符合设计要求和施工规范规定，均有产品出厂合格证及现场复试报告，并有试验室提供的石油沥青热玛琋脂用料配合比 1 份。

（2）卷材防水层无渗漏现象。

（二）基本项目

(1) 表面平整度：检查 10 处，其中优良 6 项，合格 4 项，优良率为 6/10×100%＝60%＞50%，故该项评为优良。

(2) 卷材铺贴：检查 10 处，其中优良 5 处，合格 5 处，优良率为 5/10×100%＝50%，故该项评为优良。

(3) 泛水檐口及变形缝：检查 10 处，其中优良 4 处，合格 6 处，优良率为 4/10×100%＝40%＜50%，故该项评为合格。

(4) 绿豆砂保护层：检查 10 处，皆为优良，优良率为 100%，故该项评为优良。

卷材防水屋面分项工程质量检验评定表

表 5-25

工程名称：××公司办公楼　　　　部位：屋面

		项目	质量情况
保证项目	1	油毡卷材和胶结材料的品种、标号及玛琋脂配合比，必须符合设计要求和施工规范规定	防水材料品种、标号及玛琋脂配合比符合设计要求和施工规范规定
	2	屋面卷材防水层，严禁有渗漏现象	屋面卷材防水层无渗漏现象

		项目	质量情况										等级
			1	2	3	4	5	6	7	8	9	10	
基本项目	1	坡度（平整）	✓	✓	✓	✓	○	✓	✓	○	○	○	优良
	2	卷材铺贴	○	✓	✓	○	✓	○	✓	✓	○	○	优良
	3	泛水、檐口及变形缝	○	✓	✓	○	○	✓	○	○	✓	○	合格
	4	保护层（豆石、板块、整体）	✓	✓	✓	✓	✓	✓	✓	✓	✓	✓	优良
	5	排汽屋面孔道留设	✓	✓	○	○	○	✓	○	○	✓	○	合格
	6	水落口及变形缝	✓	✓	✓	✓	✓	✓	✓	○	✓	○	优良

		项目	允许偏差（mm）	实测值（mm）									
				1	2	3	4	5	6	7	8	9	10
允许偏差项目	1	卷材搭接宽度	−10mm	−3	−7	0	−3	(−12)	−9	−7	(−11)	−6	−7
	2	玛琋脂软化点	±5℃	−3	+2	−2	−3	+4	+3	+2	+4	+3	+2
	3	沥青胶结材料使用温度	−10℃	−10	−9	−7	−3	−6	−7	−7	−3	−7	−6

检查结果	保证项目	达到标准 2 项，未达到标准 0 项
	基本项目	检查 6 项，其中优良 4 点，优良率 66.7%
	允许偏差项目	实测 30 点，其中合格 28 点，合格率 93.3%

评定等级	优良　工程负责人：××× 工　　长：××× 班 组 长：×××	核定等级	优良 质量检查员：×××

××年×月××日

（5）排气孔道留设：检查 10 处，其中优良 4 处，合格 6 处，优良率为 4/10×100%＝40%＜50%，故该项评为合格。

（6）水落口及变形缝：检查 10 处，其中优良 8 处，合格 2 处，优良率为 8/10×100%＝80%＞50%，故该项评为优良。

基本项目检查 6 项，优良率为 66.7%，因此基本项目评为优良。

（三）允许偏差项目

实测 30 点，其中合格 28 点，合格率为 28/30×100%＝93.3%，所以允许偏差项目符合优良要求。

屋面卷材防水分项工程质量检验评定表见表 5-25 所示。

评定等级：优良。

第六章　建筑电气安装工程的质量检验与评定

建筑电气安装工程质量检验评定标准，适用于电压为10kV及以下新建的一般工业与民用建筑电气安装工程质量的检验评定。本章是建筑设备安装工程最常用的一个分部工程之一，包括室内、室外线路敷设、硬母线和滑接线安装、电气器具及设备安装、以及避雷针（网）及接地装置安装工程等内容，共有17个评定用表，仅选择其中几个进行讲述，请结合实际进行选用，并注意其适用范围。

第一节　线 路 敷 设

一、电缆线路工程

电缆线路分项工程质量检验评定表如表6-1所示，适用于电缆线路安装。

（一）保证项目

（1）1项全数检查，检查试验记录。

（2）2项全数观察检查和检查隐蔽记录，包括电缆敷设前的检查和电缆直埋敷设检查。

（3）3项按不同类别的电缆头抽查10%，但不得少于5个，观察检查和检查安装记录。

（二）基本项目

（1）1项观察检查按不同类型的支托架各抽查5级。

位置正确，连接可靠，固定牢靠，油漆完整，在转弯处能托住电缆平滑均匀的过渡，托架加盖部分盖板齐全评为合格；在合格的基础上，间距均匀，排列整齐，横平竖直，油漆色泽均匀评为优良。

（2）2项观察检查按不同敷设方式、场所各抽查5处。

管口光滑，无毛刺，固定牢靠，防腐良好。弯曲处无弯曲现象，其弯曲半径不小于电缆的最小允许弯曲半径；出入地沟、隧道和建筑物的保护管口封闭严密，评为合格；在合格的基础上，弯曲处无明显的皱折和不平；出入地沟、隧道和建筑物保护管坡向及坡度正确。明设部分横平竖直，成排敷设的排列整齐，评为优良。

（3）3项按不同敷设方式各抽查5处，用观察检查和检查隐蔽工程记录及简图。

坐标和标高正确，排列整齐，标志桩、标志牌设置准确；有防燃、隔热和防腐蚀要求的电缆保护措施完整，评为合格；在支架上敷设时，固定可靠，同一侧支架上的电缆排列顺序正确，控制电缆应放在电力电缆的下面，1kV及其以下的电力电缆应放在1kV以上电力电缆的下面；直埋电缆的埋设深度、回填土要求、保护措施以及电缆间和电缆与地下管网间平行或交叉的最小距离均应符合施工规范规定，评为合格。在合格基础上，电缆转弯和分支处不紊乱，走向整齐清楚；电缆的标志桩、标志牌清晰齐全；直埋电缆的隐蔽工程

电缆线路分项工程质量检验评定表

表 6-1

工程名称：　　　　　　　　　　　　　　　　　　　　　　部位：

		项　　　　目	质　量　情　况
保证项目	1	电缆的品种、规格、质量符合设计要求。电缆的耐压试验结果、泄漏电流和绝缘电阻必须符合施工规范规定	
	2	电缆敷设严禁有绞拧、铠装压扁、护层断裂和表面严重划伤等缺陷；直埋敷设时，严禁在管道的上面或下面平行敷设	
	3	电缆终端头和电缆接头的制作、安装必须符合下列规定： （1）封闭严密，填料灌注饱满，无气泡、渗油现象；芯线连接紧密，绝缘带包扎严密，防潮涂料涂刷均匀；封铅表面光滑，无砂眼和裂纹 （2）交联聚乙烯电缆头的半导体带、屏蔽带包缠不超越应力锥中间最大外，锥体坡度匀称，表面光滑 （3）电缆头安装、固定牢靠，相序正确。直埋电缆接头保护措施完整，标志清晰	

		项　　目	质量情况 1	2	3	4	5	6	7	8	9	10	等　级
基本项目	1	电缆支、托架安装											
	2	保护管安装											
	3	电缆敷设											
	4	接地（接零）											

		项　　目			允许偏差或弯曲半径	实测值 1	2	3	4	5	6	7	8	9	10
允许偏差项目	1	明设成排支架相互间高低差			10mm										
	2	电缆最小允许弯曲半径	油浸纸绝缘电力电缆	单　芯	≥20d										
				多　芯	≥15d										
			橡皮绝缘电力电缆	橡皮或聚乙烯护套	≥10d										
				裸铅护套	≥15d										
				铅护套钢带铠装	≥20d										
			塑料绝缘电力电缆		≥10d										
			控制电缆		≥10d										

检查结果	保 证 项 目	
	基 本 项 目	检查　　项，其中优良　　项，优良率　　%
	允许偏差项目	实测　　点，其中合格　　点，合格率　　%
评定等级	工程负责人： 工　　长： 班 组 长：	核定等级　　　　　　　　质量检查员： 年　月　日

注：d 为电缆外径。

记录及简图齐全、准确，评为优良。

(4) 4 项抽查 5 处，观察检查。

电缆及其支托架和保护管接地（接零）支线敷设连接紧密牢固，接地（接零）线截面选用正确，需防腐的部分涂漆均匀无遗漏为合格。在合格的基础上，线路走向合理，色标准确，涂刷后不污染设备和建筑物评为优良。

(三) 允许偏差项目

允许偏差项目 1 项支架按不同类型各抽查 5 段，电缆按不同类型各抽查 5 处，用拉线和尺量检查；2 项用尺量检查，其余同 1 项。

二、配管及管内穿线工程

配管及管内穿线分项工程质量检验评定表如表 6-2 所示，适用于配管及管内穿线工程。

(一) 保证项目

(1) 1 项抽查 5 个回路，采用实测或检查绝缘电阻测试记录。

(2) 2 项接管子不同材质各检查 5 处，明设的管子采用观察检查；暗设的检查隐蔽记录。

(二) 基本项目

(1) 1 项按管子不同材质、不同敷设方式各抽查 10 处，采用观察和尺量检查。

连接紧密，管口光滑、护口齐全；明配管及其支架平直牢固，排列整齐，管子弯曲处无明显皱折，油漆防腐完整；暗配管保护层大于 15mm；盒（箱）设置正确，固定可靠，管子进入盒（箱）处顺直，在盒（箱）内露出的长度小于 5mm；用锁紧螺母（纳子）固定的管口，管子露出锁紧螺母的螺纹为 2～4 扣，评为合格；在合格的基础上，线路进入电气设备和器具的管口位置正确，评为优良。

(2) 2 项全数观察检查和检查隐蔽工程记录。

穿过变形缝处有补偿装置，补偿装置能活动自如；穿过建筑物和设备基础处加套保护管，评为合格；在合格基础上，补偿装置平整，管口光滑，护口牢固，与管子连接可靠；加套的保护管在隐蔽工程记录中标示正确，评为优良。

(3) 3 项抽查 10 处，采用观察检查或检查安装记录。

在盒（箱）内导线有适当余量；导线在管子内无接头；不进入盒的垂直管子的上口穿线后密封处理良好；导线连接牢固，包裹严密，绝缘良好，不伤芯线，评为合格；在合格的基础上，盒（箱）内清洁无杂物，导线整齐，护线套（护口、护线套管）齐全，不脱落，评为优良。

(4) 4 项抽查 5 处，采用观察检查。

金属电线保护管，盒（箱）及其支架接地（接零）支线敷设连接紧密、牢固，接地（接零）线截面选用正确，需防腐的部分涂漆均匀无遗漏，评为合格；在合格的基础上，线路走向合理，色标准确，涂刷后不污染设备和建筑物，评为优良。

(三) 允许偏差项目

(1) 检查数量，按不同检查部位，内容各抽查 10 处（每处测 1 点）。

(2) 检查方法 1 项尺量检查及检查安装记录；第 2、3 项尺量检查；第 4 项平直度：拉线、尺量检查；垂直度：吊线、尺量检查。

配管及管内穿线分项工程质量检验评定表

表 6-2

工程名称： 部位：

		项目	质量情况
保证项目	1	导线的品种、规格、质量必须符合设计要求和国家标准的规定。导线间和导线对地间的绝缘电阻值必须大于 0.5MΩ	
	2	薄壁钢管严禁熔焊连接。塑料管的材质及试用场所必须符合设计要求和施工规范规定	

		项目	质量情况										等级
			1	2	3	4	5	6	7	8	9	10	
基本项目	1	管子敷设											
	2	管路保护											
	3	管内穿线											
	4	接地（接零）											

		项目			弯曲半径或允许偏差	实测值（mm）									
						1	2	3	4	5	6	7	8	9	10
允许偏差项目	1	管子最小弯曲半径	暗配管		$\geqslant 6D$										
			明配管	管子只有一个弯	$\geqslant 4D$										
				管子有二个弯及以上	$\geqslant 6D$										
	2	管子弯曲处的弯扁度			$\leqslant 0.1D$										
	3	明配管固定点间距	管子直径（mm）	15～20	300mm										
				25～30	40mm										
				40～50	50mm										
				65～100	60mm										
	4	明配管水平、垂直敷设任意 2m 段内		平直度	3mm										
				垂直度	3mm										

检查结果	保证项目	
	基本项目	检查 项，其中优良 项，优良率 %
	允许偏差项目	实测 点，其中合格 点，合格率 %

评定等级	工程负责人： 工 长： 班 组 长：	核定等级	质量检查员：

注：D 为管子外径。

年 月 日

第二节　硬母线安装工程

硬母线安装分项工程质量检查评定表如表 6-3 所示，适用于硬母线安装工程。

硬母线安装分项工程质量检验评定表　　**表 6-3**

工程名称：　　　　　　　　　　　　　　　　部位：

		项　　目	质量情况
保证项目	1	硬母线的品种、规格、质量必须符合设计要求，高压绝缘子和高压穿墙套管的耐压试验必须符合施工规范规定	
	2	高压瓷件表面严禁有裂纹、缺损和瓷釉损坏等缺陷	
	3	母线连接必须符合下列规定： (1) 搭接（包括与设备的搭接）接触面间隙用 0.05mm×10mm 塞尺检查；线接触的塞不进去；面接触的，接触面宽 56mm 及以下时，塞入深度不大于 4mm；接触面塞 63mm 及以上时，塞入深度不大于 6mm (2) 焊接，在焊缝处有 2～4mm 的加强高度，焊口两侧各凸出 4～7mm；焊缝无裂纹、未焊透等缺陷，残余焊药清除干净； (3) 不同金属的母线搭接，其搭接面的处理符合施工规范规定	
	4	母线的弯曲处严禁有缺口和裂纹	

		项　目	质量情况 1	2	3	4	5	6	7	8	9	10	等级
基本项目	1	母线绝缘子及支架安装											
	2	母线安装											
	3	接地（接零）											

		项　目			允许偏差或弯曲半径	实测值 1	2	3	4	5	6	7	8	9	10
允许偏差项目	1	母线间距与设计尺寸间			±5mm										
	2	母线平弯最小弯曲半径	$B\times\delta\leqslant50\times5$	铜	$>2\delta$										
				铝	$>2\delta$										
			$B\times\delta\leqslant125\times10$	铜	$>2\delta$										
				铝	$>2.5\delta$										
	3	母线立弯最小弯曲半径	$B\times\delta\leqslant50\times5$	铜	$>1B$										
				铝	$>1.5B$										
			$B\times\delta\leqslant125\times10$	铜	$>1.5B$										
				铝	$>2B$										

检查结果	保证项目	
	基本项目	检查　　项，其中优良　　项，优良率　　%
	允许偏差项目	实测　　点，其中合格　　点，合格率　　%

评定等级	工程负责人： 工　　长： 班 组 长：	核定等级	质量检查员：

注：B 为母线宽度（mm），δ 为母线厚度（mm）。　　　　年　　月　　日

一、保证项目

（1）1 项全数检查，检查耐压试验记录。

（2）2 项全数观察检查穿墙套管；绝缘子抽查 5 个。

（3）3 项按不同类型的接头各抽查 5 个，采用观察检查和实测或检查安装记录。

（4）观察检查，抽查 5 个弯头。

二、基本项目

（1）1 项观察检查，抽查 10 处。

位置正确，固定牢靠，固定母线用的金具正确、齐全，黑色支架防腐完整，评为合格；在合格的基础上，安装横平竖直，成排的排列整齐，间距均匀，油漆色泽均匀，绝缘子表面清洁，评为优良。

（2）2 项观察检查母线不同安装方式或结构类别，各抽查 10 处，检查安装记录。

母线安装平直整齐，相色正确；母线搭接用的螺栓和母线钻孔尺寸正确；多片矩形母线片间保持与母线厚度相等的间隙，多片母线的中间固定架不形成闭合磁路；封闭母线外壳连接紧密，导电部分搭接螺栓的扭紧力矩符合产品要求，外壳的支座及端头固定牢靠，无摇晃现象；采用拉紧装置的车间低压架空母线，拉紧装置固定牢靠，同一档内各母线弛度相互差不大于 10%，评为合格；在合格的基础上，使用的螺栓螺纹均露出螺母 2～3 扣；搭接处母线涂层光滑均匀；架空母线弛度一致；相色涂刷均匀，评为优良。

（3）观察检查，抽查 5 处。

母线支架及其他非带电金属部件接地（接零）支线敷设连接紧密、牢固、接地（接零）线截面选用正确，需防腐的部分涂漆均匀无遗漏，评为合格；在合格的基础上，线路走向合理，色标准确，涂刷后不污染设备和建筑物，评为优良。

三、允许偏差项目

检查数量按线间距离抽查 10 处，弯头按不同形式各抽查 5 个；全部尺量检查。

第三节　电气照明器具及配电箱（盘）安装工程

电气照明器具及其配电箱（盘）安装工程分项工程质量检验评定表见表 6-4 所示，适用于电气照明器具及其配电箱（盘）安装工程。

一、保证项目

（1）1 项大（重）型灯具全数检查，吊扇抽查 10%，但不少于 5 台，采用观察检查和检查隐蔽工程记录。

（2）2 项抽查 10 处，观察检查和检查安装记录。

二、基本项目

（1）抽查器具总数的 10%，观察检查。

器具及其支架牢固端正，位置正确，有木台的安装在木台中心；暗插座、暗开关的盖板紧贴墙面，四周无缝隙；工厂罩弯管灯、防爆弯管灯的吊攀齐全，固定可靠；电铃、光字号牌等讯响显示装置部件完整，动作正确，讯响显示清晰；灯具及其控制开关工作正常，评为合格；在合格的基础上，器具表面清洁，灯具内外干净明亮、吊杆垂直，双链平行，评为优良。

电气照明器具及其配电箱（盘）安装分项工程质量检验评定表　　表 6-4

工程名称：　　　　　　　　　　　　　　　　　　部位：

		项　　目	质 量 情 况
保证项目	1	器具及配电箱（盘）规格型号符合设计要求。大（重）型灯具及吊扇等安装用的吊钩、预埋件必须埋设牢固。吊扇吊杆及其销钉的防松、防振装置齐全、可靠	
	2	器具的接地（接零）保护措施和其他安全要求必须符合施工规范规定	

		项　目	质量情况 1	2	3	4	5	6	7	8	9	10	等 级
基本项目	1	器具安装											
	2	配电箱（盘、板）安装											
	3	导线与器具连接											
	4	接地（接零）											

		项　目			允许偏差（mm）	实测值（mm）1	2	3	4	5	6	7	8	9	10
允许偏差项目	1	箱、板、盘垂直度		箱（盘、板）体高 50cm 以下	1.5										
				箱（盘、板）体高 50cm 及其以上	3										
	2	照明器具	成排灯具中心线		5										
	3		明开关、插座的底板和暗开关、插座的面板	并列安装高差	0.5										
				同一场所高差	5										
	4			面板垂直度	0.5										

检查结果	保 证 项 目	
	基 本 项 目	检查　　项，其中优良　　项，优良率　　%
	允许偏差项目	实测　　点，其中合格　　点，合格率　　%

评定等级	工程负责人： 工　　长： 班 组 长：	核定等级	质量检查员：

年　　月　　日

（2）2 项抽查 5 台，观察检查。

位置正确，部件齐全，箱体开孔合适，切口整齐；暗式配电箱箱盖紧贴墙面；零线经汇流排（零线端子）连接，无绞接现象；箱体（盘、板）油漆完整，评为合格；在合格的基础上，箱体内外清洁，箱盖开闭灵活，箱内结线整齐，回路编号齐全、正确；管子与箱体连接有专锁锁紧螺母，评为优良。

（3）3 项观察、通电检查，按不同类别各抽查 10 处。

连接牢固紧密，不伤芯线。压板连接时压紧无松动；螺栓连接时，在同一端子上导线不超过两根，防松垫圈等配件齐全。开关切断相线，螺口灯头相线接在中心触点的端子上；同样用途的三相插座的接线，相序排列一致；单相插座的接线，面对插座的右极接相线，左极接零线；单相三孔、三相四孔插座的接地（接零）线接在正上方、插座的接地（接零线）单独敷设，不与工作零线混合，评为合格；在合格的基础上，导线进入器具的绝缘保护良好，在器具、盒（箱）内的余量适当。吊链灯的引下线整齐美观，评为优良。

（4）4 项抽查 5 处，采用观察检查。

柜（盘）及其支架接地（接零）支线敷设连接紧密、牢固，接地（接零）线截面选用正确，需防腐的部分，涂漆均匀无遗漏，评为合格；在合格的基础上，线路走向合理，色标准确，涂刷后不污染设备和建筑物，评为优良。

三、允许偏差项目

检查数量为配电箱（盘、板）抽查 5 台；器具抽查总数的 10%，但不少于 10 套（件）。每台件的各项均测 1 点。检查方法为 1、4 项吊线、尺量检查；2 项拉线、尺量检查；3 项尺量检查。

第七章　建筑采暖卫生与煤气工程的质量检验与评定

室内给水工程，根据《采暖与卫生工程及施工验收规范》(GBJ242—82) 而编制。适用工作压力不大于 0.6MPa (60N/cm^2) 的室内给水和消防管道安装工程质量的检验和评定。对于工作压力大于 0.6MPa 的给水及消防管道，可按《建筑安装工程质量检验评定标准》(TJ307—77)"工业管道"有关条款检验和评定，本章共有 17 个评定用表，内容较多，故仅讲常用的几个分项工程，其余分项工程用表在选用时要注意适用范围。

第一节　室内给水管道安装工程

室内给水管道安装分项工程质量检验评定如表 7-1 所示，适用于给水铸铁管、镀锌和非镀锌碳素钢管道的安装。

一、保证项目

(1) 保证项目第 1 项　全数检查，检查系统或分区（段）试验记录。

管道敷设在地下室、吊顶中、管井、管廊、管槽、不通行地沟内，以及直接铺设在土壤内均属隐蔽管道的范围。在检查中，对隐蔽管道水压试验必须在管道埋设、暗装前实施。

室内给水管道的试验压力不应少于 0.6MPa。生活用水和生产、消防合用的管道，试验压力为设计的工作压力的 1.5 倍，但不超过 1MPa。检查时试验程序安排，应先作进水引入管，再作室内系统。

另外管道在加压试验时，要确保 10min 内压力降不得大于 0.05MPa，当管道内水介质压力降到设计要求的工作压力值时，应检查是否发生渗漏现象。检查方法可采用目测或手摸的方法，有渗漏即为不合格。水压试验合格后应将管道内存水放尽。

(2) 2 项全数检查，其方法为观察检查或检查隐蔽工程记录。

(3) 3 项检查吹洗记录，其目的是保证给水系统管网的洁净，防止管腔内积存脏物、杂质和积水，影响水质标准和造成管道堵塞而影响使用。

二、基本项目

(1) 1 项检查数量按系统内直线管段长度每 50m 抽查 2 段，不足 50m 不少于 1 段；有分隔墙建筑，以隔墙为段数，抽查 5%，但不少于 5 段。检查方法：用水准仪（水平尺）、拉线和尺量检查或检查隐蔽工程记录。

(2) 2 项检查数量不少于 10 个接口，观察和解体检查。

(3) 3 项检查数量不少于 5 副，采用观察检查的方法。

(4) 4 项检查数量不少于 10 个焊口，采用观察或用焊接检测尺检查。

(5) 5 项检查数量不少于 10 个接口，采用观察和尺量检查。

室内给水管道安装分项工程质量检验评定表

表 7-1

工程名称：　　　　　　　　　　　　　　　　　部位：

		项目	质量情况
保证项目	1	隐蔽管道和给水、消防系统的水压试验结果以及使用的管材品种、规格尺寸，必须符合设计要求和施工规范规定	
	2	管道及管道支座（墩），严禁铺设在冻土和未经处理的松土上	
	3	给水系统竣工后或交付使用前，必须进行吹洗	

		项目	质量情况 1	2	3	4	5	6	7	8	9	10	等级
基本项目	1	管道坡度											
	2	碳素钢管螺纹连接											
	3	碳素钢管法兰连接											
	4	非镀锌碳素钢管焊接											
	5	金属管道的承插和套箍接口											
	6	管道支（吊、托）架及管座（墩）											
	7	阀门安装											
	8	埋地管道的防腐层											
	9	管道、箱类和金属支架涂漆											

		项目				允许偏差（mm）	实测值（mm） 1	2	3	4	5	6	7	8	9	10
允许偏差项目	1	水平管道纵、横方向弯曲	给水铸铁管	每 1m		1										
				全长（25m 以上）		≯25										
			碳素钢管	每 1m	管径小于或等于 100mm	0.5										
					管径大于 100mm	1										
				全长（25m 以上）	管径小于或等于 100mm	≯13										
					管径大于 100mm	≯25										
	2	立管垂直度	给水铸铁管	每 1m		3										
				全长（5m 以上）		≯15										
			碳素钢管	每 1m		2										
				全长（5m 以上）		≯10										
	3	隔热层	表面平整度	卷材或板材		4										
				涂抹或其他		8										
			厚度			$+0.1\delta$ -0.05δ										

检查结果				
保证项目				
基本项目	检查	项，其中优良	项，优良率	%
允许偏差项目	实测	点，其中合格	点，合格率	%

评定等级		核定等级	
	工程负责人： 工　　长： 班　组　长：		质量检查员：

注：δ 为隔热层厚度。　　　　　　　　　　　　　　年　　月　　日

（6）6 项检查数量各抽查 50%，但均不少于 5 件（个），用观察和手扳检查。检查时，主要检查支、吊、托架的型式、材质、加工尺寸及焊接、工作面平整情况及焊缝、除锈、涂漆等情况。

（7）7 项按不同规格、型号抽查 5%，但不少于 10 个。用手扳和检查出厂合格证、试验单。

（8）8 项检查数量每 20m 抽查 1 处，但不少于 5 处，用观察或切开防腐层检查，主要进行外观、厚度及粘结力的检查。

（9）9 项检查数量各不少于 5 处，用观察检查。

三、允许偏差项目

（1）1 项按系统直线管段长度有 50m 抽查 2 段，不足 50m 不少于 1 段，有分隔墙建筑，以隔墙为段数，抽查 5%，但不少于 5 段，用水平尺、直尺、拉线和尺量检查。

（2）2 项为一根立管一段，两层及其以上按楼层分段，各抽查 5%，但均不少于 10 段，用吊线和尺量检查。

（3）3 项的水平管和立管，凡能按隔墙、楼层分段的，均以每一楼层分隔墙内的管段为一个抽查点，抽查数为 5%，但不少于 5 处；不能按隔墙、楼层分段的，每 20m 抽查 1 处，但不少于 5 处，其检查方法为表面平整度用 2m 靠尺和楔形塞尺检查，厚度用钢针刺入隔热层和尺量检查。

第二节　室内排水管道安装工程

室内排水管道安装工程质量检验评定表如表 7-2 所示，适用于排水用的铸铁管、碳素钢管、石棉水泥管、预应力钢筋混凝土管、钢筋混凝土管、混凝土管、陶土管、缸瓦管和硬聚氯乙烯塑料管的安装。

一、保证项目

（1）1 项应全数检查，检查区（段）灌水试验记录。暗装或埋地的排水管道，在隐蔽前应做灌水试验，管内灌水高度不低于底层地面高度，满水 15min 后再延续 5min，液面不下降为合格。

（2）2 项按系统内直线管段长度每 30m 抽查 2 段，不足 30m 不少于 1 段，用水准仪（水平尺）、拉线和尺量检查。

（3）3 项全数检查，采用观察检查或检查隐蔽工程记录。

（4）4 项检查数量不少于 5 个伸缩节区间，用观察和尺量检查。

（5）5 项全数检查，采用通水检查或检查通水试验记录，通水试验程序由上而下进行，所有卫生器具内应放满水后，再做通水试验，检查没有漏水、接头部位无渗水的为合格。

二、基本项目

（1）1 项检查数量不少于 10 个接口，用尺量和小锤轻击检查。

（2）2 项检查同表 4-2 检验项目 22、（2）1）、2）项。

（3）3 项同表 4-2 检验项目 22.（2）1）、2）、3）项。

（4）4 项检查数量各抽查 5%，但不少于件（个），观察和用手扳检查。

室内排水管道安装分项工程质量检验评定表　　表 7-2

工程名称：　　　　　　　　部位：

		项目	质量情况
保证项目	1	管道的材质、规格、尺寸必须符合设计要求。隐蔽的排水和雨水管道的灌水试验结果，必须符合设计要求和施工规范规定	
	2	管道的坡度必须符合设计要求或施工规范规定	
	3	管道及管道支座（墩），严禁铺设在冻土和未经处理的松土上	
	4	排水壁料管必须按设计要求装设伸缩节。如设计无要求，伸缩节按间距不大于 4m 设置	
	5	排水系统竣工后的通水试验结果，必须符合设计要求和施工规范规定	

		项目		质量情况 1	2	3	4	5	6	7	8	9	10	等级
基本项目	1	金属和非金属管道的承插和套箍接口												
	2	镀锌碳素钢排水管道	螺纹连接											
			法兰连接											
	3	非镀锌碳素钢排水管道	螺纹连接											
			法兰连接											
			焊　接											
	4	管道支（吊、托）架及管座（墩）												
	5	管道、箱类和金属支架涂漆												

		项目				允许偏差（mm）	实测值（mm）1	2	3	4	5	6	7	8	9	10
允许偏差项目	1	坐　标				15										
	2	标　高				±15										
	3	水平管道纵、横弯曲	铸铁管	每 1m		1										
				全长（25m 以上）		≯25										
			碳素钢管	每 1m	管径大于或等于 100mm	0.5										
					管径大于 100mm	1										
				全　长（25m 以上）	管径小于或等于 100mm	≯13										
					管径大于 100mm	≯25										
			塑料管	每 1m		1.5										
				全长（25m 以上）		≯38										
			石棉水泥管 预应力钢筋混凝土管 钢筋混凝土管 混凝土管 陶土管 缸瓦管	每 1m		3										
				全长（25m 以上）		≯75										
	4	立管垂直度	铸铁管	每 1m		3										
				全长（5m 以上）		≯15										
			碳素钢管	每 1m		2										
				全长（5m 以上）		≯10										
			塑料管	每 1m		3										
				全长（5m 以上）		≯15										
			石棉水泥管 陶土管 缸瓦管	每 1m		4										
				全长（10m 以上）		≯40										

检查结果	保证项目		
	基本项目	检查　　项，其中优良　　项，优良率　　%	
	允许偏差项目	实测　　点，其中合格　　点，合格率　　%	
评定等级	工程负责人： 工　　长： 班　组　长：	核定等级	质量检查员：

年　月　日

（5）5 项抽查不少于 5 处，用观察检查。

三、允许偏差项目

（1）检查数量 1、2 项立管的坐标、管轴线距墙内表面中心距、横管的坐标和标高、管道的起点、终点、分支点和变向点间的直管段各抽查 10%，但不少于 5 段。3 项纵横方向弯曲按系统内直线管段长度每 30m 抽查 2 段，不足 30m 不少于 1 段。第 4 项立管垂直度、一根立管为一段，两层及其以上按楼层分段，抽查 5%，但不少于 10 段。

（2）检查方法　1、2、3 项用水准仪（水平尺）、直尺拉线和尺量检查，4 项用吊线和尺量检查。

第三节　室 外 给 水 工 程

室外给水管道安装分项工程质量检验评定表如表 7-3 所示，适用于民用建筑群（小区）、工作压力不大于 0.6MPa 的室外给水和消防管网的给水铸铁管、镀锌和非镀锌碳素钢管、预应力和自应力钢筋混凝土管、石棉水泥管安装。

一、保证项目

（1）1 项全数检查，检查管网或分段试验记录。碳素钢管水压试验压力为工作压力加上 0.5MPa，不得小于 0.9MPa；铸铁管水压试验压力：工作压力≤0.5MPa 时，试验压力为 2 倍工作压力。工作压力＞0.5MPa 时，工作压力加上 0.5MPa。钢管、铸铁管道应进行系统最终水压试验程序。

（2）2 项全数检查，观察和检查隐蔽记录。

（3）3 项全数检查，检查吹洗记录。

二、基本项目

（1）1 项按管网直线管道长度每 100m 抽查 3 段，不足 100m 不少于 2 段。用水准仪（水平尺）、拉线和尺量检查或检查测量记录。

（2）2 项检查数量不少于 10 个接口，采用观察和尺量检查。

（3）3 项同表 4-2 检验项目 22.（2）2）、3）项。

（4）4 项同表 4-2 检验项目 22.（2）2）、3）、4）项。

（5）5 项检查不少于 10 个，用观察和尺量检查。

（6）6 项按不同规格、型号抽查 10%，但不少于 10 个，采用手扳和检查合格证、试验单。

（7）7 项每 50m 抽查 1 处，但不少于 10 处。采用观察或切开防腐层检查。

（8）8 项各不少于 10 处，观察检查。

三、允许偏差项目

（1）检查数量　1、2、3 项分别按管网起点、终点、分支点、变向点，查各点之间的直线管段，每 100m 抽查 3 点（段），不足 100m 不少于 2 点（段）；4 项每 100m 抽查 3 处，不足 100m 不少于 2 处。

（2）检验方法　1、2 项用水准仪（水平尺）、直尺、拉线和尺量检查；3 项用水平尺、直尺、拉线和尺量检查；4 项厚度用钢针刺入保温层检查，表面平整度用 2m 靠尺和楔形塞尺检查。

室外给水管道安装分项工程质量检验评定表

表 7-3

工程名称：　　　　　　　　　　　　　　部位：

		项　　　　　目	质　量　情　况
保证项目	1	埋地、敷设在沟槽内和架空管网的水压试验结果以及使用的管材品种、规格尺寸必须符合设计要求和施工规范规定	
	2	管道及管道支座（墩），严禁铺设在冻土和未经处理的松土上	
	3	给水管网竣工后或交付使用前，必须对系统进行吹洗	

		项　　　目	质量情况 1	2	3	4	5	6	7	8	9	10	等级
基本项目	1	管道坡度											
	2	金属和非金属管道的承插、套箍接口											
	3	镀锌碳素钢管道的连接											
	4	非镀锌碳素钢管道的连接											
	5	管道支（吊、托）架及管座（墩）											
	6	阀门安装											
	7	埋地管道的防腐层											
	8	管道和金属支架涂漆											

		项　　　目				允许偏差（mm）	实测值（mm） 1	2	3	4	5	6	7	8	9	10
允许偏差项目	1	坐标	铸铁管		埋　地	50										
					敷设在沟槽内	20										
			碳素钢管		埋　地	40										
					敷设在沟槽内及架空	15										
			预、自应力钢筋混凝土管、石棉水泥管		埋　地	50										
					敷设在沟槽内	20										
	2	标高	铸铁管		埋　地	±30										
					敷设在沟槽内	±20										
			碳素钢管		埋　地	±15										
					敷设在沟槽内	±10										
			预、自应力钢筋混凝土管、石棉水泥管		埋　地	±30										
					敷设在沟槽内	±20										
	3	水平管道纵、横方向弯曲	铸铁管		每 1m	1.5										
					全长（25m 以上）	≯40										
			碳素钢管	每 1m	管径≤100mm	0.5										
					管径＞100mm	1										
				全　长（25m 以上）	管径≤100mm	≯13										
					管径＞100mm	≯25										
			预、自应力钢筋混凝土管、石棉水泥管		每 1m	2										
					全长（25mm 以上）	≯50										
	4	隔热层	厚　　度			$+0.1\delta$ -0.05δ										
			表面平整		卷材或板材	5										
					涂抹或其他	10										

检查结果	保证项目	
	基本项目	检查　　　项，其中优良　　　项，优良率　　　%
	允许偏差项目	实测　　　点，其中合格　　　点，合格率　　　%

评定等级	工程负责人： 工　　长： 班　组　长：	核定等级	质量检查员：

注：δ 为隔热层厚度。

年　　月　　日

第四节 室外排水工程

室外排水管道安装分项工程质量检验评定表见表 7-4 所示，适用于民用建筑群（小区）室外排水和雨水管的预应力钢筋混凝土管、钢筋混凝土管、混凝土管、石棉水泥管、陶土管和缸瓦管等非金属管道安装。

室外排水管道安装分项工程质量检验评定表 **表 7-4**

工程名称：　　　　　　　　　　　　部位：

		项目	质量情况
保证项目	1	管道的材质、规格及污水管道（雨水和与其性质相似的管道除外）的渗出和渗入水量试验结果，必须符合设计要求	
	2	管道的坡度必须符合设计要求和施工规范规定	
	3	管道及管座（墩），严禁铺设在冻土和未经处理的松土上	
	4	管道穿过井壁处必须严密不漏水	

		项目	质量情况										等级
			1	2	3	4	5	6	7	8	9	10	
基本项目	1	管道承插接口											
	2	管道的支座（墩）											
	3	管道抹带接口											

		项目			允许偏差（mm）	实测值（mm）									
						1	2	3	4	5	6	7	8	9	10
允许偏差项目	1	管道	坐标	埋地	50										
				敷设在沟槽内	20										
	2		标高	埋地	±10										
				敷设在沟槽内											
	3		水平管道纵、横方向弯曲	每 1m	2										
				全长（25m 以上）	≯50										
	4	井盖		标高	±5										
	5	化粪池丁字管		标高	±10										

检查结果	保证项目	
	基本项目	检查　　项，其中优良　　项，优良率　　%
	允许偏差项目	实测　　点，其中合格　　点，合格率　　%

评定等级	工程负责人： 工　　长： 班　组　长：	核定等级	质量检查员：

年　　月　　日

一、保证项目

（1）1项以检查井为分段，抽查10%，但不少于3段。可检查渗出、渗入水量试验记录。

1）渗出试验，是把两个检查井区做为一个试验段，试验时将上段、下段检查井内排出口、排入口严密封闭，由上段检查井注入，如是半湿性土壤充水高度（试验水位）为上游检查井盖水平处，干燥性土壤充水高度为上游检查井内管顶的4m处，试验时间为30min。

2）渗入试验，是将上游检查井排入口和下游检查井排出口分别封闭，然后排净下游检查井积水，停止30min后，测出渗入水量。在试验时，地下水位应在处于天然水位条件下进行测量，数值才会可靠、准确。

排出腐蚀性的污水管道，不允许渗漏；当地下水位不高出2m时，可不作渗入水量试验。

（2）2项按管网内直线管长度每100m抽查3段，不足100m不少于2段。检验方法可用水准仪（水平仪）、拉线和尺量检查或检查测量记录。

（3）3项全数检查，观察或检查隐蔽工程记录。

（4）4项检查数量不得少于5座井（池）。采用观察或灌水检查。

二、基本项目

（1）1项检查数量不得少于10个接口，采用观察和尺量检查。

接口结构和所用填料符合设计要求和施工规范规定；灰口密实、饱满。填料表面凹入承口边缘不大于5mm，评为合格；在合格的基础上，环缝间隙均匀，灰口平整、光滑，养护良好，评为优良。

（2）2项检查数量不得少于10个支座，检验方法采用观察检查。

在评定时，构造正确，埋设平整牢固，评为合格；在合格的基础上，排列整齐，支座与管子接触紧密，评为优良。

（3）3项检查数量不得少于10个接口，检验方法采用观察和尺量检查。

抹带材质、高度和宽度符合设计要求，并无间断和裂缝，评为合格；在合格的基础上，表面平整，高度和宽度均匀一致，评为优良。

三、允许偏差项目

（1）检查数量　1～3项坐标、标高和纵、横方向弯曲，分别查两个检查井间的直线管段，各抽查10%，但不少于10段；4项井盖抽查5%，但不少于10个；5项化粪池丁字管，全数检查。

（2）检验方法　1～5项用水准仪（水平尺）、直尺、拉线和尺量检查。

对其他分项工程，由于学时所限，请学者结合实际进行选用，在此不再赘述。

第八章　通风与空调工程的质量检验与评定

《通风与空调工程质量检验评定标准》(GBJ304—88）的主要指标和要求是根据《通风与空调工程施工及验收规范》(GBJ243—82）的规定提出的。适用于工业与民用建筑的通风与空气调节工程（包括有一定要求的洁净工程）的风管、部件及空气处理设备的制作与安装和空调的制冷管道安装工程的质量检验和评定。使用国外引进装置或器材的工程，以及扩建，改建的工程，其质量的检验和评定，可根据具体情况参照执行。

通风与空调工程按用途、种类及设备组别划分为 12 个分项工程进行质量检验与评定，鉴于篇幅限制，本章仅就其中的 4 个分项工程阐述于后，其余分项工程的质量检验与评定详见《通风与空调工程质量检验评定标准》(GBJ304—88）的有关章节，具体检查时，应注意各分项的适用范围。

第一节　风管、部件制作与安装工程

风管、部件制作与安装工程包括金属风管制作、硬聚氯乙烯风管制作、部件制作、风管及部件安装四个分项工程。

风管及部件安装分项工程质量检验评定表（见表 8-1），适用于薄钢板、铝板、不锈钢板、复合钢板、硬聚氯乙烯板和玻璃钢风管及其配套部件的安装工程。

一、保证项目

检查数量：按不同材质、用途各抽查 20%，但不少于 1 个系统，其中水平、垂直风管的管段在 5 段以内各抽查 1 段；5 段以上抽查 2 段。

检验方法：1、3、4、5、7 项观察检查；2 项观察、尺量和手扳检查；6 项观察和泼水检查；8 项灯光和观察检查；9 项白绸布擦拭或观察检查。

二、基本项目

1. 风管底部接缝

合格：输送产生凝结水或含有潮湿空气的风管安装坡度符合设计要求，底部的接缝均做密封处理。

优良：在合格的基础上接缝表面平整、美观。

检查数量：逐条检查。

检验方法：尺量和观察检查。

2. 风管的法兰连接

合格：对接平行、严密，螺栓紧固。

优良：在合格的基础上，螺栓露出长度适宜一致，同一管段的法兰螺母均在同一侧。

检查数量：同保证项目检查数量。

检验方法：扳手拧试和观察检查。

风管及部件安装分项工程质量检验评定表

表 8-1

工程名称：　　　　　　　　部位：

		项目	质量情况
保证项目	1	安装必须牢固，位置、标高和走向符合设计要求，部件方向正确，操作方便。防火阀检查孔的位置必须设在便于操作的部位	
	2	支、吊、托架的型式、规格、位置、间距及固定必须符合设计要求和施工规范规定，严禁设在风口、阀门及检视门处。不锈钢板、铝板风管采用碳素钢支架必须进行防腐绝缘及隔绝处理	
	3	硬聚氯乙烯和玻璃钢风管的支管必须单独设支、吊架、法兰两侧必须加镀锌垫圈。螺栓按设计要求作防腐处理	
	4	铝板风管的法兰连接螺栓必须镀锌，并在法兰两侧垫以镀锌垫圈	
	5	斜插板阀垂直安装时，阀板必须向上拉启；水平安装时，阀板顺气流方向插入，阀板不应向下拉启	
	6	风帽安装必须牢固，风管与屋面交接处严禁漏水	
	7	洁净系统风管连接必须严密不漏；法兰垫料及接头方法必须符合设计要求和施工规范规定	
	8	洁净系统柔性短管所采用的材料，必须不产尘、不透气，内壁光滑；柔性短管与风管、设备的连接必须严密不漏	
	9	洁净系统风管、静压箱安装后内壁必须清洁，无浮尘、油污、锈蚀及杂物等	

		项目	质量情况										等级
			1	2	3	4	5	6	7	8	9	10	
基本项目	1	风管底部接缝											
	2	风管的法兰连接											
	3	风口安装											
	4	柔性短管											
	5	罩类的安装											

		项目			允许偏差(mm)	实测值(mm)									
						1	2	3	4	5	6	7	8	9	10
允许偏差项目	1	风管	水平度	每米	3										
				总偏差	20										
	2		垂直度	每米	2										
				总偏差	20										
	3	风口	水平度		5										
			垂直度		2										

检查结果	保证项目	
	基本项目	检查　　项，其中优良　　项，优良率　　%
	允许偏差项目	实测　　点，其中合格　　点，合格率　　%
评定等级	工程负责人： 工　　长： 班　组　长：	核定等级　　质量检查员：

年　月　日

3. 风口安装

合格：位置正确，外露部分平整。

优良：位置正确，同一房间内标高一致，排列整齐，外露部分平整美观。

检查数量：按系统抽查20%，但不少于两个房间的风口。

检验方法：观察和尺量检查。

4. 柔性短管

合格：松紧适度，长度符合设计要求和施工规范规定，无开裂和明显扭曲现象。

优良：在合格的基础上，无扭曲现象。

检查数量：逐个检查。

检验方法：尺量和观察检查。

5. 罩类的安装

合格：位置正确，牢固可靠。

优良：位置正确，排列整齐，牢固可靠。

检查数量：按抽查系统逐个抽查。

检验方法：尺量和观察检查。

三、允许偏差项目

检查数量：风管按不同材质、用途各抽查20%，但不少于1个系统，其中水平、垂直风管的管段在5段以内各抽查1段；5段以上各抽查2段。风口按系统抽查20%，但不少于两个房间的风口。

检验方法：1、3项水平度：拉线、液体连通器和尺量检查；2、3项垂直度：吊线和尺量检查。

第二节　空气处理设备制作与安装工程

空气处理设备制作与安装工程包括空气处理室制作与安装、消声器制作与安装、除尘器制作与安装、通风机安装四个分项工程

空气处理室制作与安装分项工程质量检验评定表（见表8-2），适用于空气处理室的金属外壳、挡水板、喷水排管、密闭检视门制作与安装，以及表面式热交换器、风机盘管、诱导器、空气过滤器、窗台式空调器等安装工程。

一、保证项目

检查数量：全数检查。

检验方法：1项焊缝处涂煤油或灌水作渗漏试验，其他观察检查；2、3项观察检查；4项观察检查和检查合格证或试验报告；5项尺量、观察检查和检查试验记录；6项观察检查或检查漏风试验记录；7项观察或白绸布擦拭检查。

二、基本项目

1. 挡水板制作

合格：折角及间距符合设计要求，折线平直，间距偏差不大于2mm，与处理室板壁接触处设泛水，框架牢固。

优良：在合格的基础上，框架平正。

空气处理室制作与安装分项工程质量检验评定表 表 8-2

工程名称： 部位：

		项目	质量情况
保证项目	1	所用材质、规格必须符合设计要求。金属空气处理室板壁拼接必须顺水流方向，喷淋段的水池严禁渗漏	
	2	挡水板或挡板必须保持一定的水封；分层组装的挡水板，每层均必须设置排水装置	
	3	空气处理室分段组装后的连接必须严密，喷淋段严禁渗水	
	4	表面式热交换器水压试验必须符合施工规范规定。散热面必须完整，无碰坏和堵塞	
	5	风机盘管、诱导器与进、出水管的连接严禁渗漏，凝结水管的坡度必须符合排水要求；与风口及回风室的连接必须严密	
	6	高效过滤器安装方向必须正确；用波纹板组合的过滤器在竖向安装时，波纹板必须垂直于地面。过滤器与框架之间的连接严禁渗漏、变形、破损和漏胶等现象	
	7	洁净系统的空调箱、中效过滤器室等安装后必须保证内壁清洁，无浮尘、油污、锈蚀及杂物等	

		项目	质量情况										等级
			1	2	3	4	5	6	7	8	9	10	
基本项目	1	挡水板制作											
	2	喷水排管组装											
	3	密闭检视门											
	4	表面式热交换器的安装											
	5	空气过滤器的安装											
	6	窗台式空调器安装											

检查结果		
	保证项目	
	基本项目	检查 项，其中优良 项，优良率 %

评定等级		核定等级	
	工程负责人： 工 长： 班 组 长：		质量检查员：

年 月 日

检查数量：逐个检查。

检验方法：尺量和观察检查。

2. 喷水排管组装

合格：喷嘴的排列及方向正确，间距偏差不大于10mm。

优良：喷嘴的排列及方向正确，间距偏差不大于5mm。

检查数量：逐排检查。

检验方法：尺量和观察检查。

3. 密闭检视门

合格：门及门框平正、牢固，无滴漏，开关无明显滞涩；凝结水的引流管（槽）畅通。

优良：在合格的基础上，无渗漏；开关灵活。

检查数量：逐个检查。

检验方法：泼水和启闭检查。

4. 表面式热交换器的安装

合格：框架平正、牢固；安装平稳，热交换器之间和热交换器与围护结构四周无明显缝隙。

优良：在合格的基础上，热交换器之间和热交换器与围护结构四周缝隙封严。

检查数量：逐台检查。

检验方法：手扳和观察检查。

5. 空气过滤器的安装

合格：安装平整、牢固；过滤器与框架、框架与围护结构之间无明显缝隙。

优良：在合格的基础上，缝隙封严；过滤器便于拆卸。

检查数量：逐个检查。

检验方法：手扳和观察检查。

6. 窗台式空调器安装

合格：固定牢固，遮阳、防雨措施不阻挡冷凝器排风；凝结水盘应有坡度，与四周缝隙封闭。

优良：在合格的基础上，正面横平竖直，与四周缝隙封严，与室内协调美观。

检查数量：按数量抽查10%，但不少于3台。

检验方法：观察检查。

第三节　制冷管道安装工程

制冷管道安装分项工程质量检验评定表（见表8-3），适用于制冷系统中工作压力低于2MPa（≈200N/cm²）、温度在－20～150℃范围内、输送介质为制冷剂与润滑油的管道安装工程。

一、保证项目

检查数量：1、2、4、5、6项全数检查；3项按系统管段（件）数各抽查10%，但均不少于3段（件）。

检验方法：1项观察检查和检查合格证或试验记录；2项观察检查和检查清洗记录或安装记录；3项观察和尺量检查；4项观察检查；5项放大镜观察检查，氨系统检查射线探伤报告；6项检查吹污试样或记录。

制冷管道安装分项工程质量检验评定表 表 8-3

工程名称： 部位：

		项目	质量情况
保证项目	1	管子、管件、支架与阀门的型号、规格、材质及工作压力必须符合设计要求和施工规范规定	
	2	管子、管件及阀门内壁必须保持洁净及干燥。阀门必须按施工规范规定进行清洗	
	3	管道系统的工艺流向、管道坡度、标高、位置必须符合设计要求	
	4	接压缩机的吸、排气管道必须单独设立支架。管道与设备连接时严禁强制对口	
	5	焊缝与热影响区严禁有裂纹、焊缝表面无夹渣、气孔等缺陷。就系统管道焊口检查还必须符合《工业管道工程施工及验收规范》(GBJ235—82)的规定	
	6	管道系统的吹污、气密性试验、真空度试验必须按施工规范规定进行	

		项目	质量情况 1	2	3	4	5	6	7	8	9	10	等级
基本项目	1	管道穿过墙或楼板											
	2	支、吊、托架安装											
	3	阀门安装											

		项目			允许偏差(mm)	实测值(mm) 1	2	3	4	5	6	7	8	9	10
允许偏差项目	1	坐标	室外	架空	15										
				地沟	20										
			室内	架空	5										
				地沟	10										
	2	标高	室外	架空	±15										
				地沟	±20										
			室内	架空	±5										
				地沟	±10										
	3	水平管道	纵横向弯曲	DN100 以内 每 10m	5										
				DN100 以上 每 10m	10										
			横向弯曲全长 25m 以上		20										
	4	立管垂直度		每 1m	2										
				全长 5m 以上	8										
	5	成排管段及成排阀门在同一平面上			3										
	6	焊口平直度		$\delta<10$mm	$\delta/5$										
	7	焊缝加强层		高度	$^{+1}_{0}$										
				宽度	$^{+1}_{0}$										
	8	咬肉		深度	<0.5										
				连续长度	25										
				总长度(两侧)小于焊缝总长	$L/10$										

检查结果	保证项目	
	基本项目	检查 项，其中优良 项，优良率 %
	允许偏差项目	实测 点，其中合格 点，合格率 %

评定等级	工程负责人： 工 长： 班 组 长：	核定等级	质量检查员：

注：DN 为公称直径。δ 为管壁厚。L 为焊缝总长。 年 月 日

二、基本项目

1. 管道穿过墙或楼板

合格：设金属套管，并固定牢靠、长度适宜，套管内无管道焊缝、法兰及螺纹接头；套管与管道四周间隙，用隔热不燃材料填塞。

优良：在合格的基础上，穿墙导管与墙面齐平；穿楼板套管下边与楼板齐平，上边高出楼板 20mm；套管与管道四周间隙均匀，并用隔热不燃材料填塞紧密。

检查数量：逐个检查。

检验方法：观察和尺量检查。

2. 支、吊、托架安装

合格：型式、位置、间距符合设计要求；与管道间的衬垫符合施工规范规定，埋设平整、牢固，砂浆饱满。

优良：型式、位置、间距符合设计要求；与管道间的衬垫符合施工规范规定，与管道接触紧密；吊杆垂直，埋设平整、牢固，固定处与墙面齐平，砂浆饱满，不突出墙面。

检查数量：按系统支架数各抽查 10%，但均不少于 3 件。

检验方法：观察和尺量检查。

3. 阀门安装

合格：位置、方向正确，连接牢固紧密，操作方便。

优良：位置、方向正确，连接牢固紧密，操作灵活方便，排列整齐美观。

检查数量：逐个检查。

检验方法：观察和操作检查。

三、允许偏差项目

检查数量：按系统内水平、垂直管道的管段各抽查 10%，但不少于 2 段。成排阀门全数检查。

检验方法：1、2 项按系统检查管道的起点、终点、分支点和变向点及各点间直管。用经纬仪、水准仪、液体连通器、水平仪、拉线和尺量检查；3、4、5 项用液体连通器、水平仪、直尺、吊垂、拉线和尺量检查；6 项用尺和样板尺检查；7 项用焊接检验尺检查；8 项用尺和焊接检验尺检查。

第四节　防腐与保温工程

防腐与保温工程包括防腐（油漆）、风管及设备保温、制冷管道保温三个分项工程。

制冷管道保温分项工程质量检验评定表（见表 8-4），适用于空气调节系统中制冷管道的保温工程。

一、保证项目

检查数量：按系统内水平、垂直管段，5 段以内各抽查 1 段，5 段以上各抽查 2 段。

检验方法：1 项观察检查和检查材料合格证或作燃烧试验；2、3 项观察检查。

二、基本项目

检查数量：均同“保证项目”检查数量。

检验方法：1、2、3、4 项观察检查；5 项观察和尺量检查。

制冷管道保温分项工程质量检验评定表 　　　　**表 8-4**

工程名称： 　　　　部位：

保证项目		项目	质量情况
	1	保温材料的材质、规格及防火性能必须符合设计和防火要求	
	2	隔热层施工时，阀门、法兰及其他可拆卸部件的两侧必须留出空隙，再以相同的隔热材料填补整齐	
	3	保温层的端部和收头处必须作封闭处理	

基本项目		项目	质量情况 1	2	3	4	5	6	7	8	9	10	等级
	1	硬质或半硬质隔热层管壳											
	2	散材及软质材料隔热层											
	3	防潮层											
	4	涂抹料保护层											
	5	薄金属板保护层											

允许偏差项目		项目		允许偏差（mm）	实测值（mm）1	2	3	4	5	6	7	8	9	10
	1	保温层表面平整度	卷材、管壳及涂抹	5										
			散材或软质材料	10										
	2	隔热层厚度		$+0.10\delta$ -0.05δ										

检查结果				
保证项目				
基本项目	检查	项，其中优良	项，优良率	%
允许偏差项目	实测	点，其中合格	点，合格率	%

评定等级		核定等级	
	工程负责人： 工　　长： 班 组 长：		质量检查员：

注：δ 为隔热层厚度。 　　　　年　　月　　日

1．硬质或半硬质隔热层管壳

合格：粘贴牢固，无断裂，管壳之间的拼缝，用粘结材料填嵌饱满密实。

优良：在合格的基础上，拼缝均匀整齐，平整一致，横向缝错开。

2. 散材及软质材料隔热层

合格：散材容重符合设计要求，敷设基本均匀；软质材料交接处严密，无缝隙；包扎牢固。

优良：在合格的基础上，敷设均匀，包扎牢固、平整。

3. 防潮层

合格：紧密牢固地粘贴在隔热层上，搭接缝口朝向低端。搭接宽度符合施工规范规定，封闭良好，无裂缝。

优良：在合格的基础上，搭接均匀整齐，外形美观。

4. 涂抹料保护层

合格：配料准确，表面基本光滑平顺，无明显裂纹。

优良：配料准确，表面光滑平顺，无裂纹。

5. 薄金属板保护层

合格：搭接顺水流方向，宽度适宜，接口平整，固定牢靠。

优良：在合格的基础上，搭接宽度均匀一致，外形美观。

三、允许偏差项目

检查数量：每段检测 1 点。

检验方法：1 项用 1m 直尺和楔形塞尺检查；2 项用钢针刺入隔热层和尺量检查。

第九章　电梯安装工程的质量检验与评定

《电梯安装工程质量检验评定标准》(GBJ310—88) 的主要指标和要求是根据《机械设备安装工程施工及验收规范》第四册 TJ231 (四) —78 中的“电梯安装”和《电气装置安装工程施工及验收规范》(GBJ232—82) 中的第九篇“电梯电气装置篇”的规定提出的。适用于额定载重量 5000kg 及以下，额定速度 3m/s 及以下各类国产曳引驱动电梯安装工程。

第一节　曳引装置组装

曳引装置组装分项工程质量检验评定表（见表 9-1），适用于曳引装置组装。

检查数量：全数检查。

曳引装置组装分项工程质量检验评定表　　**表 9-1**

工程名称：　　　　　　部位：

<table>
<tr><td rowspan="6">保证项目</td><td colspan="2">项　目</td><td colspan="11">质　量　情　况</td></tr>
<tr><td>1</td><td>曳引机承重梁安装必须符合设计要求和施工规范规定</td><td colspan="11"></td></tr>
<tr><td>2</td><td>当对重将缓冲器完全压缩时，轿厢上方的空程严禁小于 $(0.6+0.035v^2)$ m；小型杂物电梯的轿厢和对重的空程严禁小于 0.3m</td><td colspan="11"></td></tr>
<tr><td>3</td><td>曳引轮垂直度偏差必须小于或等于 0.5mm；导向轮端面对曳引轮端面平行度偏差严禁大于 1mm</td><td colspan="11"></td></tr>
<tr><td>4</td><td>限速器绳轮、钢带轮、导向轮安装必须牢固，转动灵活，其垂直度偏差严禁大于 0.5mm</td><td colspan="11"></td></tr>
<tr><td>5</td><td>钢丝绳应擦拭干净，严禁有死弯、松股及断丝现象</td><td colspan="11"></td></tr>
<tr><td rowspan="5">基本项目</td><td colspan="2" rowspan="2">项　目</td><td colspan="10">质　量　情　况</td><td rowspan="2">等级</td></tr>
<tr><td>1</td><td>2</td><td>3</td><td>4</td><td>5</td><td>6</td><td>7</td><td>8</td><td>9</td><td>10</td></tr>
<tr><td>1</td><td>曳引绳张力的相互差值</td><td></td><td></td><td></td><td></td><td></td><td></td><td></td><td></td><td></td><td></td><td></td></tr>
<tr><td>2</td><td>制动器闸瓦调整</td><td></td><td></td><td></td><td></td><td></td><td></td><td></td><td></td><td></td><td></td><td></td></tr>
<tr><td>3</td><td>曳引钢绳绳头制作</td><td></td><td></td><td></td><td></td><td></td><td></td><td></td><td></td><td></td><td></td><td></td></tr>
<tr><td rowspan="2">检查结果</td><td colspan="2">保证项目</td><td colspan="11"></td></tr>
<tr><td colspan="2">基本项目</td><td colspan="11">检查　　项，其中优良　　项，优良率　　%</td></tr>
<tr><td>评定等级</td><td colspan="2">工程负责人：
工　　长：
班　组　长：</td><td>核定等级</td><td colspan="10">质量检查员：</td></tr>
</table>

年　月　日

一、保证项目

检验方法：1 项观察检查或检查安装记录；2 项尺量检查；3 项吊线、尺量检查；4 项观察和吊线、尺量检查；5 项观察检查。

二、基本项目

1. 曳引绳张力的相互差值

合格：各绳张力相互差值不大于 10%。

优良：各绳张力相互差值不大于 5%。

检验方法：轿厢在井道的 2/3 高度处，用 50～100N（≈5～10kg）的弹簧秤在轿厢上以同等拉开距离测拉对重侧各曳引绳张力，取其平均值。再将各绳张力的相互差值与该平均值进行比较。

2. 制动器闸瓦调整

合格：闸瓦应紧密地合于制动轮的工作表面上；松闸时无磨擦。

优良：闸瓦应紧密地合于制动轮的工作表面上；松闸时间隙均匀，且不大于 0.7mm。

检验方法：观察和用塞尺检查。

3. 曳引钢绳绳头制作

合格：巴氏合金浇灌密实，一次与锥套浇平，并能观察到绳股的弯曲，弯曲符合要求。

优良：绳股弯曲符合要求，巴氏合金浇灌密实、饱满、平整一致。

检验方法：观察检查。

第二节　导　轨　组　装

导轨组装分项工程质量检验评定表（见表 9-2)，适用于导轨组装。

检查数量：全数检查。

一、保证项目

检验方法：1 项在两导轨表面，用导轨检验尺、塞尺每 2～3m 检查 1 点；2 项检查安装记录或用专用工具检查；3 项尺量检查。

二、基本项目

导轨架安装：

合格：安装牢固，位置正确。焊接时，双面焊牢，焊缝饱满。

优良：安装牢固，位置正确，横竖端正。焊接时，双面焊牢，焊缝饱满，焊波均匀。

检验方法：观察检查。

三、允许偏差项目

检验方法：1 项吊线、尺量检查；2 项局部间隙，用塞尺检查；台阶，用钢尺、塞尺检查；修光长度，用尺量检查；3 项尺量检查。

注：电梯额定速度分为三类：

甲梯：2、2.5、3m/s（简称高速梯）。

乙梯：1.5、1.75m/s（简称快速梯）。

丙梯：0.25、0.5、0.75、1m/s（简称低速梯）。

导轨组装分项工程质量检验评定表

表 9-2

工程名称：　　　　　　　　　　　　部位：

保证项目	序号	项目			偏差值（mm）	质量情况
	1	导轨安装牢固，相对内表面间距离（全高）	甲	轿厢	+1 −0	
				对重	+2 −0	
			乙 丙	轿厢		
				对重		
	2	两导轨的相互偏差（全高）			1	
	3	当对重（或轿厢）将缓冲器完全压缩时，轿厢（或对重）导轨长度必须有不小于 $0.1+0.35v^2$（m）的进一步制导行程				

基本项目	序号	项目	质量情况 1	2	3	4	5	6	7	8	9	10	等级
	1	导轨架安装											

允许偏差项目	序号	项目			允许偏差或尺寸要求（mm）	实测值 1	2	3	4	5	6	7	8	9	10
	1	导轨垂直度（每 5m）			0.7										
	2	接头处	局部间隙		0.5										
			台阶		0.05										
			修光长度	甲	≥300										
				乙、丙	≥200										
	3	顶端导轨架距导轨顶端的距离			≤500										

检查结果		
	保证项目	
	基本项目	检查　　项，其中优良　　项，优良率　　%
	允许偏差项目	实测　　点，其中合格　　点，合格率　　%

评定等级		核定等级	
	工程负责人： 工　长： 班 组 长：		质量检查员：

年　月　日

第三节　轿厢、层门组装

轿厢、层门组装分项工程质量检验评定表（见表 9-3），适用于轿厢、层门组装。

轿厢、层门组装分项工程质量检验评定表　　**表 9-3**

工程名称：　　　　部位：

		项　　目	质　量　情　况
保证项目	1	轿厢地坎与各层门地坎间距的偏差均严禁超过$^{+2}_{-1}$mm	
	2	开门刀与各层门坎以及各层门开门装置的滚轮及轿厢地坎间的间隙均必须在 5～8mm 范围以内	

			项　目	质量情况 1	2	3	4	5	6	7	8	9	10	等级
基本项目	1		轿　厢　组　装											
	2	导靴组装	采用刚性结构											
			采用弹性结构											
			采用滚轮导靴											
	3		层门指示灯盒及召唤盒安装											
	4		门扇安装、调整											

		项　目	允许偏差或尺寸要求（mm）	实测值 1	2	3	4	5	6	7	8	9	10
允许偏差项目	1	层门地坎高出最终地面	2～5mm										
	2	层门地坎水平度	1/1000										
	3	层门门套垂直度	1/1000										
	4	中分式门关闭时缝隙不大于	2mm										

检查结果	保 证 项 目				
	基 本 项 目	检查	项，其中优良	项，优良率	%
	允许偏差项目	实测	点，其中合格	点，合格率	%

评定等级	工程负责人： 工　　长： 班 组 长：	核定等级	质量检查员：

年　月　日

检查数量：全数检查。

一、保证项目

检验方法：1、2项均为尽量检查。

二、基本项目

1. 轿厢组装

合格：组装牢固，轿壁结合处平整，开门侧轿壁的垂直度偏差不大于1/1000。

优良：在合格的基础上，轿厢洁净、无损伤。

检验方法：观察和吊线、尺量检查。

2. 导靴组装

(1) 采用刚性结构

合格：能保证电梯正常运行。

优良：在合格的基础上，轿厢导轨顶面与两导靴内表面间隙之和不大于2.5mm。

(2) 采用弹性结构

合格：能保证电梯正常运行。

优良：在合格的基础上，导轨顶面与导靴滑块面无间隙，导靴弹簧的伸缩范围不大于4mm。

(3) 采用滚轮导靴。

合格：滚轮对导轨不歪斜，压力基本均匀。

优良：滚轮对导轨不歪斜、压力均匀，中心接近一致，且在整个轮缘宽度上与导轨工作面均匀接触。

检验方法：观察和尺量检查。

3. 层门指示灯盒及召唤盒安装

合格：位置正确，其面板与墙面贴实，横竖端正。

优良：在合格的基础上、清洁美观。

检验方法：观察检查。

4. 门扇安装、调整

合格：门扇平整，启闭时无摆动、撞击和阻滞现象。中分式门关闭时上下部同时合拢。

优良：门扇平整、洁净、无损伤。启闭轻快平稳。中分式门关闭时上下部同时合拢，门缝一致。

检验方法：做启闭观察检查。

三、允许偏差项目

检验方法：1、2、4项尺量检查；3项吊线、尺量检查。

第四节　电气装置安装

电气装置安装分项程质量检验评定表（见表9-4），适用于电气装置安装。

检查数量：全数检查。

电气装置安装分项工程质量检验评定表

表 9-4

工程名称： 部位：

		项 目	质 量 情 况
保证项目	1	电梯的供电电源线必须单独敷设	
	2	电气设备和配线的绝缘电阻值必须大于 0.5MΩ	
	3	保护接地（接零）系统必须良好。电线管、槽及箱、盒连接处的跨接地线必须紧密牢固、无遗漏	
	4	电梯的随行电缆必须绑扎牢固，排列整齐，无扭曲，其敷设长度必须保证轿厢在极限位置时不受力、不拖地	

		项 目	质量情况 1	2	3	4	5	6	7	8	9	10	等级
基本项目	1	机房内的配电、控制屏、柜、盘的安装											
	2	配电盘、柜、箱、盒及设备配线											
	3	电线管、槽安装											
	4	电气装置的附属构架、电线管、槽等非带电金属部分的防腐处理											

		项 目		允许偏差或尺寸要求（mm）	质量情况 1	2	3	4	5	6	7	8	9	10
允许偏差项目	1	机房内柜、屏的垂直度		1.5/1000										
	2	电线管、槽的垂直、水平度	机房内	2/1000										
			井道内	5/1000										
	3	轿厢上配管的固定点间距		≤500mm										
	4	金属软管的固定点间距		≤1000mm										

检查结果		
	保 证 项 目	
	基 本 项 目	检查 项，其中优良 项，优良率 %
	允许偏差项目	实测 点，其中合格 点，合格率 %

评定等级	工程负责人： 工 长： 班 组 长：	核定等级	质量检查员：

年 月 日

一、保证项目

检验方法：1、4项观察检查；2项实测检查或检查安装记录；3项观察检查和检查安装记录。

二、基本项目

检验方法：观察检查。

1. 机房内的配电、控制屏、柜、盘的安装

合格：布局合理，横竖端正。

优良：在合格的基础上，整齐美观。

2. 配电盘、柜、箱、盒及设备配线

合格：连接牢固，接触良好，包扎紧密，绝缘可靠，标志清楚，绑扎基本整齐。

优良：连接牢固，接触良好，包扎紧密，绝缘可靠，标志清楚，绑扎整齐美观。

3. 电线管、槽安装

合格：安装牢固，无损伤，槽盖齐全无翘角，与箱、盒及设备连接正确。

优良：安装牢固，无损伤，布局走向合理，出线口准确，槽盖齐全平整，与箱、盒及设备连接正确。

4. 电气装置的附属构架、电线管、槽等非带电金属部分的防腐处理

合格：涂漆无遗漏。

优良：涂漆均匀一致，无遗漏。

三、允许偏差项目

检验方法：1、2项吊线、尺量检查；3、4项尺量检查。

第五节　安全保护装置

安全保护装置分项工程质量检验评定表（见表9-5），适用于安全保护装置。

检查数量：全数检查。

一、保证项目

检验方法：1项观察检查；2项实际操作和模拟检查；3项实际操作检查；4项观察和实际运行检查；5项在轿门关闭过程中，用手轻推触板检查；6项观察和尺量检查。

二、基本项目

1. 安全钳楔块面与导轨侧面间隙

合格：间隙为3～4mm，各间隙最大差值不大于0.5mm。

优良：间隙为3～4mm，各间隙最大差值不大于0.3mm。

检验方法：用塞尺或专用工具检查。

注：关于该间隙的调整范围（3～4mm），如产品有特殊要求时，应按产品要求进行调整。

2. 安全钳钳口与导轨顶面间隙

合格：不小于3mm，满足使用要求。

优良：不小于3mm，间隙差值不大于0.5mm。

检验方法：用塞尺或专用工具检查。

安全保护装置分项工程质量检验评定表

表 9-5

工程名称： 部位：

			项 目	质量情况
保证项目	1		各种安全保护开关固定必须可靠，且不得采用焊接	
	2	下列情况时，各开关必须可靠动作，并使电梯立即停止运行	选层器钢带（绳、链）松弛或张紧轮下落大于 50mm	
			限速器配重轮下落大于 50mm	
			限速器钢绳夹住，轿厢上安全钳拉杆动作时	
			限速器动作速度的 95%时	
			载重量超过额定载重量的 10%时	
			任一层门、轿门未关闭或锁紧	
			轿厢安全窗未正常关闭时	
	2		急停、检修、程序转换等按钮和开关必须灵活可靠	
	4		极限、限位、缓速装置的安装位置正确，功能必须可靠	
	5		轿厢自动门安全触板必须灵活可靠	
	6		对重装置、轿厢地坎及门滑道的端部与井壁的安全距离严禁小于 20mm。曳引绳、随行电缆、补偿链等运动部件在运行中严禁与任何部件硬撞或摩擦	

		项 目	质量情况 1	2	3	4	5	6	7	8	9	10	等级
基本项目	1	安全钳楔块面与导轨侧面间隙											
	2	安全钳钳口与导轨顶面间隙											

检查结果		
	保 证 项 目	
	基 本 项 目	检查　　项，其中优良　　项，优良率　　%

评定等级		核定等级	
	工程负责人： 工　　长： 班　组　长：		质量检查员：

年　月　日

第六节 试 运 转

试运转分项工程质量检验评定表（见表9-6），适用于试运转。

检查数量：全数检查。

试运转分项工程质量检验评定表 **表9-6**

工程名称： 部位：

			项目	质量情况
保证项目	1	运行试验	电梯起动、运行和停止，轿厢内无较大震动和冲击，制动器可靠	
			指令、召唤、定向、程序转换、开车、截车、停车、平层等准确无误，声光信号清晰、正确	
			减速器油的温升不超过60℃，且最高不超过85℃	
	2	超载试验	能安全起动、运行和停止	
			曳引机工作正常	
	3	安全钳试验	轿厢以检修速度下降，安全钳能可靠地使电梯停止。动作后能正常恢复	

				项目	允许偏差(mm)	实测值 1	2	3	4	5	6	7	8	9	10
允许偏差项目	1	平层准确度	甲	2，2.5，3 (m/s)	±5										
			乙	1.5，1.75 (m/s)	±15										
			丙	1.75 1.0 (m/s)	±30										
				0.25 0.5 (m/s)	±15										

检查结果	保证项目	
	允许偏差项目	实测 点，其中合格 点，合格率 . %
评定等级	工程负责人： 工 长： 班组长：	核定等级 质量检查员：

年 月 日

一、保证项目

检验方法：1项实际操作检查；2项实际操作检查或检查试验记录；3项实际操作检查（手动限速器夹住钢绳）。

二、允许偏差项目

检验方法：全部尺量检查

第七节 电梯安装质量

电梯是垂直运输工具，其质量的优劣将直接影响人身和财产的安全，尤其是乘客电梯。所以规范规定：电梯安装分项工程质量检验评定应全数检查。

电梯安装工程作为建筑设备安装的四个分部工程之一，其每台电梯均由前面各节所述的六个分项组成。但在大多数情况下，单台电梯又不能构成电梯分部工程，而作为垂直运输工具的电梯，其功能的发挥和总的评价又都是以“台”作为基本单位的，每台电梯都是一个不可分割的整体。所以规范规定：在分项评定的基础上应评定单台电梯的质量。

单台电梯其质量等级应符合以下规定：

合格：(1) 所含分项工程全部合格。

(2) 质量保证资料基本符合要求。

优良：(1) 所含分项工程全部合格，其中有50%及其以上为优良，在优良项中必须含“安全保护装置”和“试运转”两个分项。

(2) 质量保证资料符合要求。

电梯安装分部工程其质量等级应符合以下规定：

合格：(1) 所含电梯单台质量全部合格。

(2) 质量保证资料基本符合要求。

优良：(1) 所含电梯单台质量全部合格，其中单台和分项均有50%及其以上为优良，且各台的“安全保护装置”和“试运转”分项必须优良。

(2) 质量保证资料符合要求。

现将电梯工程质量保证资料核查表（见表9-7）、电梯工程单台质量评定表（见表9-8）、电梯分部工程质量评定表（见表9-9）列于后，以供参考。

电梯工程质量保证资料核查表 **表9-7**

工程名称： 部位：

序号	项目名称	要求	份数	检查情况
1	绝缘电阻、接地电阻测试记录	电阻值符合规定		
2	空载、满载、超载试运转记录	电流、运行速度、温升、运行功能等情况		
3	调整、实验报告单	平衡系数、运行速度、称重装置、预负载等调整实验情况		
4	产品合格证			
5	设备检查记录	设备、零部件名称、数量、完好情况，损伤程度及处理结果		
6	变更设计证明文件及变更部分实际施工图			
7	安装过程自检、互检记录			
核查结果	工程负责人： 质量检验员： 班组长： 年 月 日			

注：1. 本表所列项目应齐全，无缺项、漏项。
2. 各种记录和实验报告单内容应齐全、准确、真实；抄件应注明原件存放单位，并有抄件人和抄件单位的签字和盖章。
3. 在单梯质量评定和电梯分部工程质量评定时，均应按本表所列项目进行核查。

电梯工程单台质量评定表 表 9-8

工程名称： 部位：

序　号	分项工程名称	核定等级	备　　注
1	曳引装置组装		
2	导轨组装		
3	轿厢、层门组装		
4	电气装置安装		
5	安全保护装置		
6	试运转		
合　计	共　　项，其中优良　　项，优良率　　%		
质量保证资料核查情况			
评定等级	技术负责人： 工程负责人：	核定等级	核定人：

年　　月　　日

电梯分部工程质量评定表 表 9-9

工程名称： 部位：

序号	分项工程名称	台　　数	其中:优良台数	分项工程数	其中:优良分项	备　　注
1						
2						
3						
4						
5						
6						
7						
合　　计						台优良率　% 分项优良率　%

评定等级	技术负责人： 工程负责人：	核定等级	核定人：

年　　月　　日

第十章 建 设 监 理

第一节 工程质量监督和建设监理

工程质量直接关系着国家财产和人民生命安全，关系着四化建设的顺利进行。搞好工程质量，一方面主要依靠勘测、设计、施工、建材等企业单位，积极推行全面质量管理，搞好质量控制；另一方面必须加强政府对工程质量的管理和监督工作，二者相辅相成，缺一不可。随着我国经济体制和政治体制改革的不断深入，从80年代初以来，经国务院同意，建设部先是在全国推行工程质量监督体制，即由各级政府（或专业部委）建立工程质量监督、检测机构，根据国家和地方政府颁发的有关工程建设的行政、技术法规、规范和质量评定标准，对勘测设计、施工、建材质量进行监督和检验，以促进建筑企业单位不断提高管理水平和工作质量水平；这些举措对提高我国建筑工程质量的总体水平起到了积极的作用。

随着有计划的商品经济的发展和建筑企业与基本建设管理体制的改革，迫切需要建立起一套能有效的控制投资，严格实施国家建设计划和工程合同的新格局，抑制和避免建设工作的随意性，就必须在不断加强和完善工程质量监督工作的基础上，参照国际惯例，逐渐过渡到工程质量监督的更高层次，即建立有中国特色的建设监理制度。

中华人民共和国建设部1988年7月25日发出了《关于开展建设监理工作的通知》于1988年7月印发了《建设监理试行规定》，经过几年的试点，建设部、国家计委以建监[95] 737号文件发布了关于印发《工程建设监理规定》的通知。《规定》自1996年1月1日起实施，建设部1989年7月25日发布的《建设监理试行规定》同时废止。从此，我国的建设监理制迈开了正式实施的坚实步伐。

什么是建设监理呢？

建设监理就是指经政府审查批准的监理单位受项目法人的委托，依据国家批准的工程项目建设文件、有关工程建设的法律、法规和工程建设监理合同及其他工程建设合同，对工程建设实施的监督管理。

第二节 建设监理的任务和内容

一、建设监理的基本任务

建设监理的基本任务，包括宏观和微观两个方面。

（一）宏观方面的任务

在我国宏观方面监理的任务，在于通过严格的科学分析和监督管理，提高工程项目的投资效益和建设水平，克服建设工作的随意性，确保国民经济中的固定资产投资有计划按比例地进行，建立建设工作领域的新秩序。

（二）微观方面的任务

微观方面的监理任务，在于通过严格的监督和检查，对工程项目的进展进行协调和控制，以确保项目总目标最合理的实现，即在规定的时间内，以合理的造价和良好的质量建成工程项目，使其实现预定的功能。在项目实施阶段，这些目标都在工程承包合同中明确规定，监理工作主要是依据合同及有关法则、技术标准和规范，监督检查被监理单位严格履行所承担的合同义务，并确认工程进度和工程质量的实现程度以及相应的工程拨款。

二、工程建设监理的范围及内容

我国建设部和国家计委颁发的《工程建设监理规定》中规定，工程建设监理的范围为：

（1）大、中型工程项目；

（2）市政、公用工程项目；

（3）政府投资兴建和开发建设的办公楼、社会发展事业项目和住宅工程项目；

（4）外资、中外合资、国外贷款、赠款、捐款建设的工程项目。

《工程建设监理规定》明确建设监理的主要内容为：控制工程建设投资、建设工期和工程质量；进行工程建设合同管理，协调有关单位的工作关系。

第三节 建设监理的组织和方法

一、建设监理的组织

建设监理工作主要包括政府监理和社会监理两个部分。

（一）政府监理

政府监理是指政府建设主管部门对建设单位的固定资产投资行为实施的强制性监理和对社会监理机构的监理行为实行的监督管理。

我国政府建设主管部门的监理职责主要有：制定和组织实施建设监理法规；审核批准社会监理单位和监理工程师的资质；参与审批重要建设项目的开工报告；检查、督促重大工程事故的处理；参与重要建设项目的竣工验收；指导和管理本部门管辖范围内的建设监理工作。

我国政府监理的组织原则是，统一领导，分级归口负责。从建设部到县级人民政府的建设主管部门，分别对全国或本地区区域内的建设监理工作实行统一管理；国务院各部门各自负责本部门及主管行业的建设监理工作。这样，既可保证建设监理方针、政策、法规的统一，又可发挥各地区、各部门的积极性，使建设监理工作健康地发展。

（二）社会监理

社会监理是指依法开业自主经营的监理机构受项目法人委托，对工程建设活动进行监理。我国规定，此类社会监理机构统一称为工程建设监理公司或工程建设监理事务所。前者一般为公有制的企业法人；后者为私有制个体或合伙组织。这些监理机构必须有固定的营业场所、服务范围和规模相适应的资金、技术经济管理人员以及必要的设备和检测手段，经政府建设主管部门核发资格证书，确定监理业务范围，再向同级工商行政管理机关登记注册，领取营业执照，才能开始营业。社会监理单位是建筑市场的主体之一，建设监理是一种高智能的有偿服务。

二、建设监理的工作方法

政府监理是对建设工程实行强制性监理，主要是运用行政和法律的手段，建立和保持建设领域的正常秩序，以达到提高建设管理水平和投资效益的目的，基本上属于宏观监理。建筑施工企业的工程项目管理在实际工作中与政府监理发生直接关系不多；但与执行微观监理职能的社会监理机构则有着十分密切的关系。因此，我们着重讨论社会监理的工作方法。

（一）监理单位和建设单位及承包单位之间的关系

在工程项目建设过程中，监理单位是受建设单位的委托，作为建设单位的忠诚顾问，为了确保项目目标（工期、质量和投资）的实现，以建设单位代表的身份对承包单位的活动进行监督和管理。三方之间的关系可用图 10-1 来表示。

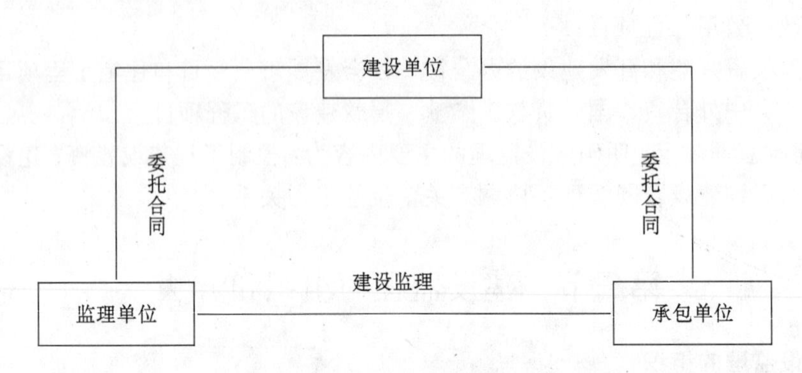

图 10-1　建设单位监理单位及承包单位之间的关系

建设单位委托监理单位承担业务，项目法人应与监理单位签订书面合同，明确监理工程对象和监理范围，双方的权利和义务，监理费用数额和支付方式，违约责任、双方约定的其他事项等。监理单位应根据受托任务的内容，指派总监理工程师和监理工程师及其他监理人员进驻工程项目现场履行监理职责。日常的具体监理活动，通常由总监理工程师委派的监理工程师代表去进行；总监理工程师作为工程项目监理工作的组织者和主持人，主要在重要问题上把关，定期向建设单位报告工程进展情况，并调解建设单位和承包单位在合同执行过程中发生的争议。未经建设单位授权，总监理工程师无权变更建设单位与承包单位签订的承包合同的任何条款。由于某些不可预见和不可抗拒的因素，总监理工程师认为有必要变更工程承包合同的某些内容时，应及时向建设单位提出建议，协助建设单位、承包单位协商变更承包合同。

按照国际惯例，总监理工程师及其代表在执行监理任务时的职权，应在建设单位与承包单位签订的合同中作出明确规定。例如，《土木工程施工国际通用合同条件》文本中对此就有详细具体的条款。我国《工程建设监理规定》也要求：实施监理前，项目法人应当将委托的监理单位、监理内容、总监理工程师姓名及所赋予的权限书面通知被监理单位。总监理工程师也应当将其授予监理工程师的权限书面通知被监理单位。

监理工程师须经主管部门审核合格，发给证书，才能从事监理业务。要求他们不仅必须具备专门的业务、技术知识和处理实际问题的丰富经验，还必须具有高尚的职业道德。在执行监理任务时要按照“公正、独立、自主”的原则，努力用正当手段谋取和维护委托者的最大正当利益。因此，监理单位派出的总监理工程师、监理工程师，作为建设单位的代表，根据工程承包合同和有关的法规、标准、规范，对承包单位在工程项目上的活动进行监督、检查和管理，提出严格的要求，正是忠实地履行自己的职责，不仅是维护建设单位的正当利益，同时也能起到促使承包单位提高技术和改进管理的积极作用。

（二）施工单位应怎样配合监理工作?

在项目施工阶段，工程承包单位作为监理对象，要求正确处理好与监理单位的关系，双方很好地配合协作，使工程顺利进展。具体地说，就是要在信守合同、保护本单位合法权益的原则下，做好下列主要工作：

(1) 熟悉合同内容，明确本单位作为合同当事人承担的义务和应负的责任，以及正当的权利。

(2) 认真履行合同的义务，完满地执行监理工程师的指示，当然，这些指示应该是符合工程合同、有关法则、标准及规范的。

(3) 掌握信息，及时、准确地了解工程动态，对涉及本单位的权益的问题，要按合同规定及相应的程序提出索赔。

(4) 建立与监理单位的联系制度，例如，定期会议和报表制度等。

此外，还应处理好公共关系，为双方创造一个和谐友好共事的环境。